U0654922

做自己，别被世界改变

毛世帅/编著

中华工商联合出版社

图书在版编目（CIP）数据

做自己，别被世界改变 / 毛世帅编著. -- 北京：
中华工商联合出版社，2020.12
ISBN 978-7-5158-2931-9

Ⅰ.①做… Ⅱ.①毛… Ⅲ.①成功心理－通俗读物
Ⅳ.①B848.4－49

中国版本图书馆CIP数据核字（2020）第 226922 号

做自己，别被世界改变

编　　著：毛世帅
出 品 人：刘　刚
责任编辑：胡小英
装帧设计：周　源
排版设计：水日方设计
责任审读：付德华
责任印制：迈致红
出版发行：中华工商联合出版社有限责任公司
印　　刷：北京毅峰迅捷印刷有限公司
版　　次：2023 年 3 月第 1 版
印　　次：2023 年 3 月第 1 次印刷
开　　本：710mm×1020mm　1/16
字　　数：150 千字
印　　张：13
书　　号：ISBN 978-7-5158-2931-9
定　　价：58.00 元

服务热线：010－58301130－0（前台）
销售热线：010－58302977（网店部）
　　　　　010－58302166（门店部）
　　　　　010－58302837（馆配部、新媒体部）
　　　　　010－58302813（团购部）
地址邮编：北京市西城区西环广场 A 座
　　　　　19－20 层，100044
http://www.chgslcbs.cn
投稿热线：010－58302907（总编室）
投稿邮箱：1621239583@qq.com

工商联版图书
版权所有　侵权必究

凡本社图书出现印装质量问题，请与印务部联系。
联系电话：010－58302915

　　这个世界上没有两片相同的叶子。这句话其实就是指，每个人都有其特殊性。

　　但是，随着社会节奏的加快，我们越来越发现，人与人之间的差异性似乎越来越小。别人考研，我也考研；别人买房，我也买房。总而言之，大家好像都步调一致了。

　　但这种步调一致就真的是好事吗？

　　事实上，很多人害怕自己和这个世界不一样。因为这样会让他们感觉自己被孤立了，有一种孤独感。所以，为了能够融合进其他人的圈子，他们也会让自己变得跟别人一样。

　　但这个世界从来就没有一条规则说我们必须要和别人一样，有时候，我们很多人只是不了解自己、不自信，所以才干脆走和别人一样的路。

人生原本就存在各种可能性，如果你千方百计地想和别人一模一样，那最后你活出来的也不一定是真正的你了。

让自己和世界不一样，更像是一种自我的回归。当大多数人都亦步亦趋的时候，你跟别人不一样，反而会显得更加真实，反而能够活出你自己。

当然，我们说和别人不一样，并不是说你就是要特立独行，凡事都反其道而行之。这种刻意为之的不一样到头来只会让你变得不伦不类。真正的不一样应当是活出你自己本来的样子。假如你是一个自信的人，你就活出你自信的样子，假如你身上有某些缺点，也没有必要对自己太过苛刻，接纳这些缺点，跟缺点共存也未尝不可。

当然，我们提倡的并不是一种消极被动的人生观，我们只是在告诉大家，你可以活出属于自己的精彩。

还是那句话，这个世界上没有两片相同的叶子。如果你现在因为自卑、因为没有成功而邯郸学步的话，不妨听一听自己内心的想法，问一问，"我到底是谁？""我到底需要什么？"，当你弄清楚这些问题的答案后，相信你也一定能够活出最真实、最自由的自己，你也能够成为那抹"不一样的烟火"。

目录

第一章

相信你自己，和世界不一样又何妨

第六章

检讨你自己，有哪些是可以做到更好的

第七章

提升你自己，这是你跟世界不一样的资本

/ 第 一 章 /

相信你自己，
和世界不一样又何妨

很多人想跟这个世界一样，是因为他们在困境中迷失了自己。在这种迷茫的状态下，他们不知道自己的能力，没有自信，最终变成别人的复制品。其实，世界上没有什么事情是不可能的。你觉得不可能，只是因为自卑心理在作祟，当你开始真正相信自己的时候，你才能活出真正的自己，活出跟这个世界不一样的状态来。

● 没有什么是不可能的

人无完人，天下没有一件事是完美的，我们能够做的就是将它们做到更好，一切都不是没有可能的，我们所要做的就是选定目标去拼搏坚持。人生是自己的，命运由自己掌握。

如果你在思想上总是觉得某些事你做不到，你自然不会付诸行动，你也就不会有什么好结果。你不在主观上去梦想奇迹，你永远不可能创造奇迹。在现实生活中，当一件事被认为是不可能时，我们就会为不可能找到许多理由，例如：我的智商没有别人高，我吃不了苦，我没有经商天赋和管理经验，我不是那块料……从而使这一个个自以为是的不可能显得理所当然，我们也就当然不会再采取积极有效的行动，最终的结果肯定是这件事真的成了不可能了。正是这些"不可能"的思想枷锁阻碍了你的成功。

数千年来，人们一直认为要在四分钟内跑完一英里是件不可能的事。不过，在1954年5月6日，美国运动员班尼斯特打破了这个世界纪录。他是怎么做的呢？每天早上起床后，他便大声对自己说：我一定能在四分钟内跑完一英里！我一定能实现我的梦想！我一定能成功！这样大喊一百遍，然后他在教练库里顿博士的指导下，进行艰苦的体能训练。

终于，他用3分56秒6的成绩打破了一英里长跑的世界纪录。有趣的是在随后的一年里，竟有37人进榜，而再后面的一年里更高达二百多人。班尼斯特为什么能打破世界纪录？因为班尼斯特相信自己能打破世界纪录。

只要你敢想，一切皆有可能。一切皆有可能的含义至少包含三个方面的内容：首先，要相信你自己，不要自卑，要相信自己；其次，不要藐视他人，有可能有一天他也会站在高处这样看你；其三，不要不相信不可能发生的事，这世界既有必然也会有偶然的情况。

在飞机发明之前，科学家认为飞行是不可能的；在麻醉药发明之前，医生坚信无痛手术是不可能的；在原子弹发明之前，科学家也都相信原子是不可能分裂的，原子弹的构想根本是无稽之谈。蒸汽机发明之前，就有人数落富尔顿："你有没有搞错，先生？你要在甲板下生起一团火，让船能够乘风破浪地航行？"但结果呢？富尔顿不但实现了目标，还因此发明了蒸汽机。

其实，一个人的潜力是无法预测的。你有"能"的信念，你就会坚持做下去，克服一切"不能"的困难，最终达到胜利的彼岸。在现实生活中，经常会听到有人告诉我们"你是做不到的"，而我们往往信以为真。这些声音可能源于你的父母、师长的谆谆告诫，也可能是你比较亲近的同事、朋友，甚至你自己。当他们告诉我们要"实际一点"的时候，他们也许是没有恶意，有的甚至有可能是发自内心的善意，但是他们的话常常会引发我们内心的恐惧与不安，使我们害怕尝试冒险，自我设限，生活也变得千篇一律、原地踏步。

1493年，哥伦布发现了"新大陆"后从海上回到西班牙，成了西班牙人心目中的英雄。国王和王后把他待作上宾，封他做海军上将。并且经常请他参加宴会，有些贵族却瞧他不起，在一次宴会上，他们鼻子一哼："这有什么稀罕！只要驾了船一直往西去，谁都会碰上那块陆地的。"哥伦布低着头默不作声，他从盘子里拿起一个鸡蛋，站起身来，提出一个古怪的问题："太太们，先生们，有谁能把这个鸡蛋竖起来吗？"

鸡蛋从这个人手上传到那个人手上，所有的人都试了试，都把鸡蛋扶直了，可是一放手，鸡蛋立刻倒下了。最后，鸡蛋回到了哥伦布的手上。大厅里鸦雀无声，大家的眼光集中在他手上，都要看看他怎么能把鸡蛋竖起来。

哥伦布不慌不忙，把鸡蛋的一头在桌子上轻轻一敲，磕破了一点儿壳，鸡蛋就稳稳地直立在桌子上了。

"这有什么稀罕？"宾客哄堂大笑起来。

"本来没有什么稀罕，"哥伦布说，"可是太太们，先生们，你们为什么不这样做呢？"

这个故事告诉我们：所有的事情都是可能的，只是我们暂时还没有找到方法而已。只要掌握了一定的技巧和方法，就会事半功倍，其实很容易。一切不可能都是自己的思维在作怪，自己不肯动脑，单凭生活经验说"不可能"。

假如一个人把"不可能"作为自己的口头禅，那么他的思维就注定要被"不可能"的框框所局限。这也不可能，那也不可能，这必将注定他一生碌碌无为。

事实上，"不可能"并不是真理，你做不到不代表别人做不到，你认为你做不到也不代表你实际做不到。你不去尝试，没有人能肯定地说"不可能"。几乎每一个伟大的构想在开始的时候，没有几个人能想到它真的可行。"一切皆有可能、成功来自拼搏"的信念，相信一切都可以美梦成真，一定会越来越好越飞越高。

心理学上有一个概念：意焦，即注意的焦点。如果一个人将意焦集中在"不可能"上，他必将故步自封，不为成功找方法，而只会为证明自己所谓的"不可能"结论是正确的找理由、找借口。一旦关闭"可能"的大门，也许就真的"不可能"了。相反，如果我们的意焦集中在"可能"上，显而易见，接下来我们必定是在"找方法"，而不会是"找借口"。成功学告诉我们，失败一定有原因，成功一定有方法。只要方法找对了，成功并不难。

信念是成功的前提，如果你不相信一切皆有可能，你怎么会去实践呢？当然，只做到相信这一步还远远不够的，更重要的一点是需要自己去拼搏、实践，去坚持到底，直到成功。如果没有执行，再美的梦想都将是空谈。不经一番寒彻骨，怎得梅花扑鼻香。成在行动，贵在拼搏，难在坚持，但还是要坚持。只要努力，一切皆有可能；相信自己，努力拼搏终能创造奇迹。

● 当你拥有决心时，世界怎么样与你无关

决心可以战胜一切困难，决心让我们在困难和挫折面前，毫不畏惧，披荆斩棘，一步一步走向成功。

好多事情我们觉得根本不可能做到，其实，并不是我们做不到，而是我们缺乏成功的决心，缺乏坚强的意志。

孟子说："天将降大任于斯人也，必先苦其心志，劳其筋骨，饿其体肤，空乏其身，行拂乱其所为，所以动心忍性，曾益其所不能。"这段话，生动地说明了意志力的重要性。要想取得成功，实现自己的梦想，就需要坚定的决心、坚强的意志、勇敢顽强的精神，克服前进道路上的一切困难。这样，就没有什么不可能的。

一个人如果下定决心要把某件事做好，那么，决心的力量会使他投入百分之百的努力，跨越前进途中的层层障碍，成功也就

有了切实可靠的保证。坚信自己一定能取得成功，往往就能如愿，成功的决心往往就是成功本身。因此，成功的决心蕴含着无限的能量。

在法国，有一位很穷苦的年轻人。后来，他以推销装饰肖像画起家，在不到十年的时间里，迅速跃身为法国50大富翁之列，成为一位年轻的媒体大亨。不幸，他因患上前列腺癌，1998年在医院去世。他去世后，报纸上刊登了他的遗嘱。

在这份遗嘱里，他说：我曾经是一位穷人。在以一个富人的身份，跨入天堂的门槛之前，我把自己成为富人的秘诀留下。谁若能通过回答"穷人最缺少的是什么"，而猜中我成为富人的秘诀。他将能得到我的祝贺。我留在银行私人保险箱内的100万法郎，将作为睿智地揭开贫穷之谜的人的奖金。也是我在天堂，给予他的欢呼与掌声。

遗嘱刊出之后，有48561个人寄来了自己的答案。这些答案五花八门，应有尽有。绝大部分人认为，穷人最缺少的当然是金钱了。有了钱，就不会再是穷人了。另有一部分认为，穷人之所以穷，最缺少的是机会。

在这位富翁逝世周年纪念日。他的律师和代理人，在公正部门的监督下，打开了银行内的私人保险箱。公开了他致富的秘诀。他认为：穷人最缺少的是成为富人的决心。在所有的答案中，只有一位年仅9岁的女孩答对了。为什么只有这位9岁的女孩，想到了穷人最缺少的是决心？她在接受100万法郎的颁奖之日，她说："我想，也许决心可以让人得到自己想得到的东西。"

谜底揭开之后，震动法国，并波及英美。一些新贵、富翁就此话题谈论时，均毫不掩饰地承认：决心是永恒的"治穷"特效药，是所有奇迹的萌发点。穷人之所以穷，大多是因为他们有一种无药可救的缺点，也就是缺少致富的决心。

人人都渴望自己成功。然而现实之中，绝大多数人不过是对成功有兴趣而已，而不是一定要成功。因为其期望的强度太脆弱，最终无法对抗残酷的现实或自身的缺陷的挑战而常常半途而废。只有那些一定要成功的人，他们因有足够牢固的期望强度，所以能排除万难，坚持到底，永不放弃，直到成功。

俗话说："有志者，事竟成"。成功学界流行一个著名观点：成功来源于你是想要，还是一定要。如果仅仅是想要，可能我们什么都得不到，如果是一定要，那就一定有方法可以得到。成功来源于我要。我要，我就能；我一定要，我就一定能。

决心来源于人的意志力。罗伊斯说：从某种意义上说，意志力通常是指我们全部的精神生活，而正是这种精神生活在引导着我们行为的方方面面。

当人们善于运用这一有益的力量时，就会产生决心。而人有决心就说明意志力在起作用。人的心理功能或身体器官对决心的服从，正说明了意志力存在的巨大力量。

在取得成功的道路上，困难是不可避免的，而坚忍不拔的毅力是解决一切困难的钥匙，是成就大事业者必不可少的品格和资本。这种资本比金钱和权势要重要得多。正是凭借着这种坚忍不拔的毅力，贫困者摆脱了贫困、失败者走向了成功，劳动者创造了奇迹。

决心是一种积极的心态，决心可以战胜一切。环境决定不了我们的成功，决心才能决定我们的成功。决心表示没有任何的借口，改变的力量源自决心，人生的成就往往在你下定决心的那一刻就定下来了。有决心才决定我们会有成功。

● 每个人都是独特的自己

每个人都是一个独特的个体，都拥有自己独特的人生经历。要想获得怎么样的生活状态，关键是你将怎么样看待自己。

韩国18岁少女喜儿弹奏的钢琴曲非常动听，吸引了不少听众。

喜儿的双腿比正常人短，而且每只手上只有两根手指头，她并不聪明，只有七岁孩的智力。但这个少女似乎对自己的命运很满意，她丝毫没有察觉自己的缺陷，还经常面带微笑和别人交流，而且非常刻苦地练习弹奏钢琴。在她看来，正是因为自己只有4根手指头，所以很多人才喜欢听她演奏，她觉得幸福极了。

她喜欢自己，接纳自己，丝毫不在意旁人怪异的目光。这种健康心态得益于她有一位懂得教育的妈妈。

曾经有记者采访喜儿的妈妈："当您第一次看到孩子的手指时，您是什么感受？"

妈妈说："我觉得我们家喜儿的手指很漂亮，当她晃动两根手指时，就像绽放的花朵一样美丽，我经常对喜儿说，'宝贝，你的手指真漂亮，咱们换手指，好吗？'"

喜儿的妈妈丝毫不在意别人对喜儿的评价，她总是不停地告诉喜儿："你的手指是世界上最漂亮的手指。"因此喜儿,丝毫没有被身上的缺陷所伤害，她总是快快乐乐的。

生活于世间的每个人都是独一无二的，没有任何人可以替代，你的思想、你的行为、你的身体、你的意识……都是属于你的最独特的存在。世上不幸的人各有各的不幸和困苦，关键是你怎样来看待这种不幸和困苦，像文中的喜儿，虽然从出身开始就有缺陷，但她相信自己的缺陷是自己最独特的存在，所以能一直乐观、开朗地面对自己的人生。

自从有史以来，上百亿人曾经生活在这个地球上，但从来未曾有过，也将永远不会有第二个你。你是地球上一个独特的、不可重复的生物。这些特性赋予你极大的价值。

每个人的心中都有一朵生命之火，都有一颗生命的种子，这火要燃烧，燃烧出亮丽的人生；这种子要发芽，长成参天的大树，告诉全世界："我是与众不同的！"

● 知足与不知进取是两回事

每个人都应该有上进心。不要因为取得了一些小小的成绩，就不思进取；也不要因为生活中受到一些小小的挫折，就一蹶不振；更不要饱食终日，无所用心。

贫困的人往往不满足自己的处境而白手起家，最终经过自己的努力跻身富人的行列；反之，一个出生在富裕家庭的人，虽然继承了父母财产，由于不思进取，往往家道中落。如此看来，没有理想的人，就好比没有上发条的表一样，要钟表走动，必须费些力气，亲自上紧发条。

有一位母亲看到自己的儿子缺乏进取心，就对儿子说："没有人比你更优秀。但是，倘若你不做番事业来证明，那么，你与别人也是毫无差异的。"儿子听了母亲的话，从此发愤图强，最终取得了可观的成就。

有好多年轻人没有人生的目标，整日无所事事，取得一点小小的成就，就沾沾自喜，自高自大起来，阻碍了自己前进的道路。

曾有一位心理学家向听众提出这样一个问题：突然，你意想不到地得到了10万美金，你要怎么利用呢？因为被问及的人大部分都有固定的收入，以致所答大体相同：要把一部分当养老金，以旅行或玩乐度其余生。

要把这一笔意外的财富用来完成人生某个大目标，一个也没有。这恐怕是因为持有大目标的人太少了。

不论是什么职业，有些人在事业上取得了一定成就，经济上达到了一定的高度，便停下脚步享受起来，不再做更进一步的努力了。他们在赚取了需要的钱财后，就好像变成了另外的一个人，安于现状，无所作为。结果，短暂的挥霍之后，依旧穷困潦倒。

心理学家曾说：好运气时常是不幸的前奏。因为一个人在好运的笼罩下，往往丧失了斗志，抛弃了努力。鼠目寸光的人，稍有富余，就自我满足，不思进取。他们变得怠惰、游荡，消费多于生产。他们手里有些金钱，就以为有资格享受。倘若突然再遇拮据，他们才会发觉，自己是那么软弱无能，连先前做过的事都做不出来了。

好多的职业拳击家也是如此，他们不少人都赚过几十万美金的报酬，为了比赛，都受过长期的严酷训练。他们的目标就是要在比赛中获胜，而大多数人的目标也仅仅如此。所以许多的人发财之后，就过上了糜烂的生活，而最终困于贫困之中。

这些富人之所以最终走向穷困的末路，大多由于一生中没有远大的目标，没有目标的人就容易安于现状。他们的眼光太短浅，他们仅能看见眼前的事情而已。

一个人安于现状固然不可取，当我们遇到困难时，也不要因现状而失望。一个对现状怀有消极心态的人，同样会不思进取。既不满足现状又能为远大目标而奋斗的人，才能取得成功。

假如有人问：你对你现在的工作生活满意吗？对于这个问题，很多人会说"NO"，为什么会有一致的意见，原因很简单，因为我们是年轻人，我们有欲望，我们有理想，有欲望有理想的人是不会满足现状的。

人生在世，既不能满足现状，也不可怨天尤人。自己的命运如何，很大程度上取决于自己。不要把命运寄托在别人身上，一切都要靠自己。所以说，我们的命运我们自己主宰。只要我们敢于向命运挑战，吃苦耐劳，持之以恒。我们一定能创造人生的奇迹。

● 你想成为谁，你就能成为谁

一个人要想取得卓越的成就，关键是思想要有深度。思想的深度，决定了你人生的高度。

思想，就像一个隐藏在人的头脑中的宇宙，蕴涵无穷的力量。一个有思想的人与其他人的主要区别就在于其经常思考。遇到问题或迷惑时，不是像一般人那样，完全依赖别人的决策，或者向书本和陈规索要答案，而是在"听人说"和"看书"的基础上，通过自己的思考来辨别真假。

一个人的思想主要体现在他的思维方式上，一个人的成功往往取决于他正确的思维方式。

四十多年前有一个十多岁的穷小子，他自小生长在贫民窟里，身体非常瘦弱，他却立志长大后要做美国总统。如何实现这样的抱负呢？年纪轻轻的他，经过几天几夜的思索，拟定了这样一系列的连锁目标。

做美国总统首先要做美国州长；要竞选美国州长必须得到雄厚的财力支持；要获得周围的支持就一定要融入财团；要融入财团就需要娶一位豪门千金；要娶一位豪门千金必须成为名人；成为名人的快速方法就是做电影明星；做电影明星就得练好身体，练出阳刚之气。

按照这样的思路，他开始步步为营。一天，当他看到著名的体操运动主席后，他相信练健美是强身健体的好办法，因而有了练健美的兴趣。他开始刻苦而持之以恒地练习健美，他渴望成为世界上最结实的男人。三年后，凭着发达的肌肉和健壮的体格，他开始成为健美先生。22岁时，他进入美国好莱坞，在此他用了十年时间利用自己在体育方面的成就，一心塑造坚强不屈，百折不挠的硬汉形象。他终于在演艺界声名鹊起，当他的电影事业如日中天时，女友的家庭在他们相恋九年后，终于接纳了他。他的女友就是赫赫有名的肯尼迪总统的侄女。2003年，57岁的他成功地竞选成为美国加州州长，他就是阿诺德·施瓦辛格。

他的经历让人记住了这样一句话：思想有多远，我们就能走多远。

思想有多远，梦想有多大，你就能走多远。愚公之所以成功移山，是因为他有伟大的目标和梦想以及坚忍不拔的毅力。现代许多勇士能够成功攀上珠峰顶峰，是因为登顶早已被当成他们人生的目标。

态度是取得成功的有力武器。追求成功的人往往具有不同于常人的态度，他们热情执着、满怀信心，面对暂时的挫折与困难毫无惧色，他们知道成功必须付出代价，他们会要求自己真正地、诚实地努力去做那些必须完成的事情，结果因为他们正确地做事以及做正确的事而成功了。

人的思想越开阔，视野越宽广，成功的可能性就越高。既然二维的空间有局限，就应该突破它，在更深远的空间和层次上思考问题。人的一辈子会遇到很多问题，如果你不懂得突破自己的惯性思维，拓展自己的思想空间，就很容易把自己逼进死胡同。

思想是一个人能力的体现，一个能够独立思考的人往往能够得到领导的重用。这样的人能够独当一面，而那些人云亦云的人永远只是平庸之辈。

一个思想灵活的人，善于洞悉世事的趋势，抓住机遇，创造奇迹。把握趋势，一要在思想上有超长的预见性；二要在思想上有执着的方向感；三要有果敢的行动实践自己的思想。

作为一个平凡的人，我们也应该有崇高的理想，并为之不懈的奋斗。人生的困难和挫折在所难免，尽管逆境带给我们黑暗，只要你坚持自己的思想，思想就会像明灯一样照亮你的前程。有了思想的明灯，你会更有信心，更有勇气，在成功的道路上走得更远。

● 把自己当成最大的竞争对手

一个人如果没有竞争对手，他可能丧失危机意识，永远不会前进。与其让别人淘汰自己，不如自己淘汰自己。

在非洲的大草原上，生活着一群羚羊和一群狮子。每天清晨，羚羊枕着露水从睡梦中睁开双眼时，它们想到的第一件事就是，今天我必须比跑得最快的那只狮子还要快，否则我就会变成狮子嘴中的美餐。而狮子醒来后也同时在想，我今天要不想饿肚子，就必须比跑得最慢的羚羊更快。于是，在这片广袤无垠的大草原上，无时无刻不在演绎着惊心动魄的生死搏杀。弱肉强食、优胜劣汰的自然法则，在这里体现得淋漓尽致。

动物界如此，我们人类又何尝不是这样呢？在机遇和挑战面前人人平等，如果自己不主动去竞争去抗争，迟早也会和跑得慢的羚羊一样，被别人排挤，甚至被别人吃掉。

毕业于哈佛大学的美国哲学家詹姆斯说："你应该每一两天做一些你不想做的事。"这是一个永恒不灭的真理，是人生进步的基础和上进的阶梯。有一句名言与这个观点相同："容易走的都是下坡路。"辩证法里量变质变定律也讲，量变积累到一定程度就会发生质变。所以不要奢望个人的进步能够立竿见影，只要每天进步一点点就行了。

无论在工作中或生活中，面对有困难、有挑战的事人们往往敬而远之，人们总是想方设法地来逃避。在逃避痛苦和追求快乐的心理作用下，人们更容易选择以逃避或拖延来降低压力。然而，往往这些你刻意逃避的事，就是提升工作能力的突破口。

美国著名指挥家沃尔特·达姆罗施20多岁就当上了乐队指挥，但他仍保持着谦和、勤勉的作风，没有忘乎所以。面对大家的夸奖，他自己透露了谜底——"刚当上指挥的时候，我也有些飘飘然，以为自己才华举世无双，地位无人可撼。一天排练，我忘了带指挥棒，正要派人回家去取，秘书说：不必了吧，向乐队其他人借一根不就行了？我想：秘书真是糊涂，除了我，别人带指挥棒干吗？但我还是随便问了一声：'谁有指挥棒？'话音还没落，大提琴手、小提琴手和钢琴手，各掏出了一根指挥棒。

"我心中一惊，突然醒悟：原来自己并不是什么不可或缺的人物，很多人一直在暗中努力，随时要取代我。以后，每当我偷懒、膨胀的时候，那三根指挥棒就会在面前晃动。"

如果你不进步，你就可能被淘汰。让自己进步的方法是多种多样的，"每天做点困难的事"，就是"逼"自己进步的办法之一。当然不要指望几天内就能有翻天覆地的变化，"欲速则不达"的道理谁都明白。做法很简单，只需要你每天进步一点点，等到一段时间过后，你会发现现在的你比起以前已经大不一样了。

如果你是做销售工作的，你偏偏欠缺沟通能力，惧怕与客户打交道。克服惧怕心理的办法就是每天"逼"自己多跟客户交流，为客户介绍产品，为客户提供服务；如果你是一位公关人员，但是你恰巧又是一个内向的人，那你就每天"逼"自己主动与主要的业务伙伴联系，或约见；如果你是一位营销人员，但是当众演讲又是你最发怵的事情，那你就每天"逼"自己练习讲话……

不要觉得自己不擅长做什么就不去做，好多能力是后天锻炼出来的。没有天生就擅长做什么的，只要你敢于挑战自我，突破自我，即使你认为自己做不好的事也能做得非常出色。不要担心你是否会坚持到最后，或最终会不会达到你想要的结果，去试一下先做你最不喜欢的事，不仅会让你觉得第二件工作没有第一件烦人，并且会让你的信心大大增强，甚至会感到骄傲。

最终你会发现，那些曾经让你苦恼万分的问题，在每天一点点的进步下会逐渐松动瓦解，你也将会跃上人生的更高一层的阶梯。"一切都是可能的"用这个想法去思考，就像给自己的心中放入一个马达，会使你学会如何积极地思考，你会比过去更有挑战并战胜一切的实力，超越自己也就变得不那么困难了。

现代社会充满竞争，如果你不懂得提升自己的能力以适应社会，你就会被淘汰出局。唯有努力，不停地找准自己的立足点，勤奋地用别人双倍的艰辛来完成自己的使命。每天淘汰自己，每天都要进步，才能在竞争中立于不败之地。

● 冒险精神是成功者的标配

要想成就一番事业，必须具备冒险的精神。冒险是成功的基石，敢于冒险才能突破自我，创造奇迹。

积极尝试新的、没做过的事。敢于把冒险精神投入到生活和工作中去，你就会取得惊人的成就。只有敢于以冒险来抓住成功的机遇。

比尔·盖茨说："所谓机会，就是去尝试新的、没做过的事。可惜在微软神话下，许多人要做的，仅仅是去重复微软的一切。这些不敢创新、不敢冒险的人，要不了多久就会丧失竞争力，又哪来成功的机会呢？"

微软只青睐具有冒险精神的人。他们宁愿冒失败的危险选用曾经失败过的人，也不愿意录用一个处处谨慎却毫无建树的人。在微软，大家的共识是，最好是去尝试机会，即使失败，也比不尝试任何机会好得多。

谨慎固然是一种好品质，但是如果谨慎过度就会限制自己的发展。那些害怕危险的人，危险无处不在。谨慎是消除不了危险的，只有敢于冒险，才能消除危险。

每个人都有一定的安全区，你想跨越自己目前的成就，请不要划地自限，勇于接受挑战充实自我，你才有可能会发展得比想象中更好。

一个成功的人必然是一个敢于冒险的人，敢于冒险也是职场中人应该具有的基本素质，只有敢于冒险，你才有成功的可能。假如你不敢冒险，你就不会有赚钱的机会，你敢于冒险，你就有了50%的机会，另外50%是失败的机会。

要想出人头地就得有冒险精神。很多时候，成功的机会是同风险叠合在一起的。要想抓住成功的机会，就得冒一点风险，否则，就会丧失许多可能是人生重大转折的机会。

世界的改变、生意的成功，常常属于那些敢于抓住时机，敢于冒险的人。生命运动从本质上说就是一次探险，如果不是主动地迎接风险的挑战，便是被动地等待风险的降临，冒险总比墨守成规让你更有机会出头。

吉姆·伯克晋升为约翰森公司新产品部主任后的第一件事，就是开发研制一种儿童所使用的胸部按摩器。然而，这种新产品的试制失败了，伯克心想这下可要被老板炒鱿鱼了。

伯克被召去见公司的总裁，然而，他受到了意想不到的接待。"你就是那位让我们公司赔了大钱的人吗？"罗伯特·伍德·约翰森总裁问道，"好，我倒要向你表示祝贺。你能犯错误，说明你勇于冒险。我们公司就需要你这种有冒险精神的人，这样公司才有发展的机会。"

数年之后，伯克本人成了约翰森公司的总经理，他仍然牢记着前总裁的这句话。

有一位企业家曾这样说："冒险精神具备与否，实际上是一个员工思考能力和人格魅力的表现。"作为一个员工，只有你把冒险精神投入到工作中去，你的老板才会感觉到你的努力。

冒险是表现在人身上的一种勇气和魅力。经验告诉我们：冒险与收获常常是结伴而行的。哥伦布如不航海探险，能登上新大陆吗？达尔文不亲身探险，搜集资料，能完成巨著《进化论》吗？险中有夷，危中有利，要想有卓越成就就应当敢冒险。

在职场上，作为一名员工，既有成功的欲望，又敢于冒险，就能够实现自己的理想。风险与机遇总是联系在一起，在关键时刻把握机遇，必能成功。如你总是希望成功又怕风险，成功将会从你身边一次次地溜走。

"胆子大吃个够，胆子小吃不到"这句话说明，机遇对于我们每一个人来说都是平等的，只是有些时候我们不敢去冒险，不敢去争取了罢了。

　　冒险绝不是蛮干。敢于冒险的人，有明确的奋斗目标，对胜利有一定的预测与把握。而一味蛮干的人，根本没有目标。作出冒险的决策之前，不要问自己能够赢多少，而应该问自己输得起多少。一点儿把握都没有就盲目冒险，那你的胆量越大，赌注下得越多，损失也就越大，离成功也就越来越远。

　　真正成功的人必定是那些敢于去面对现实，接受现实，敢于放眼未来，敢于去冒险的人。自古以来每一个成功的人士都可以说得上是冒险者。他们之所以比普通人强，比他先前一步，正是因为他们敢于去冒险。如果他们无论做什么事都是怕那又怕这的话，相信他们不会有今天的成就。

　　德国哲学家康德说："人的心中有一种追求无限和永恒的倾向，这种倾向在理性中最直观的表现就是冒险，冒险是通往成功的必经之路。"不论什么时代，只有敢于冒险的人，才可能干出一番轰轰烈烈的事业。

● 自己永远是最优秀的

人要永远相信自己是最优秀的，这不仅仅是自信的问题，也是生存的必然选择。

人要自立自强，就应该培养良好的自信。

据说，古希腊哲学家苏格拉底晚年时，有一个很大的遗憾，一直找不到一个最优秀的人来当他的关门弟子。他把他的助手叫到了床前，语重心长地对他说："我的蜡已经剩下不多了，现在得找另外一支蜡烛点下去，你明白我的意思吗？"

助手一听，顿时明白了，向苏格拉底保证："一定找到一个承传者，把您的思想给传承下去，但不知道您对他有什么要求？"

苏格拉底说："他不但要有相当的智慧，而且还必须有充分的信心和非凡的勇气，这种人很难找的。"

助手说："我一定竭尽全力地去寻找，绝对不辜负您对我的信任。"

苏格拉底笑了笑，没有再说什么。那位助手开始不辞辛劳地通过各种渠道寻找。但是每次领回来的人都被苏格拉底拒绝了。有一次，当助手无功而返地回到苏格拉底病床前时，苏格拉底抚着助手的肩膀说："真是太辛苦你了，不过，那些人，其实都不如你……"

"我一定加倍努力，继续去寻找。"助手言辞恳切地打断了苏格拉底的话。

苏格拉底笑了笑，就没有说话。过了半年，苏格拉底眼看就要离开人世，但是最优秀的人却始终没有找到。助手非常惭愧，于是坐在病床边，对流着泪对苏格拉底说："我真对不起您，让您失望了！"

"我确实很失望，但你对不起的却是你自己。"苏格拉底有些哀怨地说："其实，最优秀的就是你自己，但是，你从来就不敢相信自己，你把自己给忽略了……"其实，我们每一个人都是最优秀的，差别就在于如何认识自己，要始终相信自己是最优秀的，无论何时何地。说完，苏格拉底就离开了这个世界。

助手听后，十分地后悔。

我们每一个人都要相信自己是最优秀的，千万不要因为一时的挫折而对自己丧失了信心。一件事情没有做好，不要总是归咎到自己身上，也许是事情本身错了，也许是时机不当。即使自己有错，也只是失误于方法和思路上，而绝对不是能力问题。用这样一种乐观的态度来做事，怎么可能不成功呢？

日本著名的交响乐指挥家小征泽尔有一次参加十分盛大的演奏比赛，他指挥的时候发现乐谱中有不和谐音。于是他问评委乐谱是否错了，评委很明确地告诉他乐谱绝对没有问题。他又指挥了一遍，发现还是不对，他再次问评委，评委依然很明确地告诉他乐谱绝对没有问题。到了第三次，他还是感觉不对，于是他斩钉截铁地说肯定是乐谱错了。这个时候所有的评委站起来向他表示祝贺。原来评委就是想看他是否会委屈自己而屈服于权威。

小征泽尔之所以成功，在于他相信自己。拥有这种自信就会坚持自己的信念。能够坚持自己信念的人最后都能不同程度地获得成功。

人必须自信，先要认清楚自己。人应该明白自己的方向，明白自己的优势和劣势，一方面固然要取别人的长处补自己的短处，另一方面在做选择的时候也要扬长避短。

一个人如果能够始终相信自己是最优秀的，那么他必然会在心中聚集起来最强大的力量，对自己有很高的要求，久而久之，这个人的精神面貌就会发生根本的改变。

● 每个人都是可以开发的"金矿"

我们每个人都是一座宝藏，我们自己就是取得成功的资本。只是我们常常忽略自身所存在的价值，而去汲汲于外物为我们创造的价值，殊不知，人生最大的宝藏就是自己。真正的财富并不是存在于外部的物质，而是你自身内在的潜能。

在美国西北部蒙大拿西部边境比特鲁山边的达比镇，人们好多年都习惯于仰望那座晶山。晶山之所以获得这个名称，是因为它被侵蚀，暴露出一条凸出的狭窄部分，那里布满微微发光的晶体，看上去有点像岩盐。

早在1937年，这里就修建了一条直接越过这块岩层的小径。但是此后一直到1951年，并没有一个人认真地弯下身子去捡起一块发亮的矿岩石，好好地把它观察一下。就在1951年，两个达比人康赖和汤普生看见一种矿石的集合物陈列于这个小镇，他们看到矿物展品中的矿石标本上，附有一张卡片说明它的用途，便立刻在晶山上立柱，表示所有权。汤普生把矿石的样品送到斯波堪城的矿务局，并要它派一名检验员来察看一种"储量巨大"的矿物。

1951年的下半年，该矿务局就派了一部推土机上山采取矿石样品并进行分析，认定这里确是极有价值的世界最大的铁的储藏地之一。

同这种矿藏一样，我们自身就蕴藏着丰富的资源，只是没有人愿意停下来思索、发掘自己身上这些"宝藏"，而你身上这些钻石宝藏就是潜藏的能力。

你身上的这些"钻石"足以使你的理想变成现实。而你要做的，就是更好地开发你的"钻石"，为实现自己的理想，付出辛劳。何必非要舍弃眼前的幸福去追求远方那虚无缥缈的存在，要知道好高骛远、不着边际的追求只会让你越跌越重。只有不懈地挖掘自己的潜能，运用潜能，你就能够做好你想做的一切，就能成为自己命运的主宰者。

第 二 章

接纳你自己，
你没有必要和别人一样

这个世界上没有完美的人，如果你因为自己的某些缺点而自怨自艾，而刻意地去回避，那么，你就已经迷失在了自我。其实，缺点从来就不是那么可怕的事，我们每个人身上都有缺点。当你开始接纳你自己的这些缺点时，你就能成为你自己。

● 正视你身上的不足之处

缺点真的百无一用吗？让我们变得痛苦的罪魁祸首，到底是缺点还是我们仇视缺点的那颗愤怒的心？如果我们不能找出这两个问题的答案，那痛苦的心会一直在痛苦，破碎的心会一直在破碎，我想谁也不会乐于见到这样的结果吧。

心理学家武志红曾说，缺点并没有我们想象中的那么可恶，我们的缺点也曾让我们收益，一个人越是抵抗痛苦，他的痛苦越是成倍增加。打个比方，一个人非常讨厌自己做事粗心大意，那这是不是代表做事粗心大意是痛苦？不是。做事粗心大意只是一个事实，围绕着这个事实产生的体验才可能是痛苦。

缺点不是妖魔鬼怪，有时候，它是我们自身某个长处的衍生物，有时候，它又代表着我们内心的某种渴求。不管缺点是什么，和它较劲绝非最佳的处理办法，唯有理解它，接受它，重新给它一个合理的分数，它才能得到最有效的改造。

我们曾将生活、工作和情感上的不如意归咎于自己身上的某个缺点或是缺陷，这是不公平的，也是毫无成效的，更是一种无法全然接纳自己的懦弱表现。每个人的成长都是需要勇气的，勇敢地面对自己的缺点，重新接纳自己的缺点，我们遇到的各种问题才有迎刃而解的可能。

● 不必苛求完美

二十世纪最伟大的灵性导师吉杜·克里希那穆提曾说："只有当你缺乏理解的时候，才有掌控的必要。如果你已经把事情看得很清楚，自然就不需要掌控了。"每个人都有缺点，有的人粗心大意，有的人好逸恶劳，有的人不爱干净，其实，这些都不是什么要命的事儿，只有当我们对这些缺点缺乏足够的认识和理解时，我们才会成天想着去控制它，不让它发作。可是越控制，越失序。

完美虽美，可这美恰恰是一剂毒药，我们如果过分苛求自己，不愿接纳自己的缺点，那情绪失控必然是早晚的事儿。反之，如果我们时不时给自己的缺点一个灿烂的微笑，那我们最后一定能变成一缕沁人心脾的春风，既取悦了自己，又舒适了身边的人。如此两全其美的事儿，我们又何乐而不为呢？

● 在别人心中，你没那么重要

人之所以看重面子，其实是过于在乎别人的评价。穿不穿名牌，参加同学聚会时会不会被别人看不起；妻子长相太普通了，还是别带她参加同学聚会了吧；说失业不好，还是说自己从事自由职业吧……

当你在意别人的评价时，有没有想过：别人真的有那么在意你吗？

张先生因为工作的变动调到了一个新的部门，这个部门似乎没有以前的职位风光，也没有以前的地位显赫。于是他总是担心别人会有什么其他的想法，"怎么回事，是不是犯了错误而下来了"等等，虽然是正常的工作调动，但还是担心别人会说些什么，于是没事时待在家中好久也没有露面。

有一天，他在大街上遇到一个熟人，熟人问："你不做老总啦？调到哪儿去了？"张先生回答："不做了，调到另一个部门去了。"对方说："好呀，祝贺你！"张先生笑笑："有时间去玩呀。"然后作别。但是心里却有一种淡淡的酸楚感觉，害怕熟人是在笑话他。

过了不久，张先生恰巧在某处又碰到了那位熟人，熟人又问："听说你不做老总了，调哪儿去了呢？"他只得将以前的话又重复了一遍："我调到另一个部门去了，有时间去玩。"

回到家，张先生心里突然清朗起来，好像是一下子悟出了什么来。是呀，自己整天担心别人说什么，整天把自己当回事，而别人早把自己忘了。于是，照旧同原来一样，同朋友们一起聚会聊天，大家依然是那样的热情，依然是那样的真诚和开心。

其实，很多的人不堪烦恼，只是自己杯弓蛇影的自恋和自虐而已。所有的担心和疑惑，大都是自己内心的原因。在别人的心中，其实并不那么重要。

生活中常常碰到的许多事，比如说了什么不得体的话，被他人误会了什么，遇到了什么尴尬的事等等，大可不必耿耿于怀，更不必揪住所有人去做解释，因为事情一旦过去，没有人还有耐心去理会别人曾经说过的一句闲话，一个小的过失和疏忽等。你那么念念不忘，说不定别人早已忘记了，不要太把自己当回事了。反过来我们也可以问问自己，别人的一次失误或尴尬，真的会总在你的心头挥之不去，让你时时惦念吗？你对别人的衣食住行真的就是那么关心，甚至超过关心自己吗？

　　人生中有那么多的事，每个人连自己的事都处理不完，自然没有多少人还会去关心与自己不太相关的事情。只要你不对别人造成什么伤害，只要不是损害了别人的什么利益，没有什么人会对你的失误或尴尬太在意的，也许第二天太阳升起的时候，别人什么事都没有了，只有自己还在耿耿于怀。所以你要明白，在别人的心中，你并没有那么重要。

● 以己之长补己之短

清代有个将军叫杨时斋，他认为军营中没有无用之人。聋子，安排在左右当侍者，可避免泄露重要军事机密；哑巴，派他传递密信，一旦被敌人抓住除了搜去密信之外，再也问不出更多的东西；瘸子，命令他去守护炮台，坚守阵地，他很难弃阵而逃；瞎子，听觉特别好，命他战前伏在阵地前窃听敌军的动静，担负侦察任务。

可见，人人都有自己的独特之处，这需要你仔细发掘，用心发现。

其实，每个人都不会是十全十美的，总会有这样或那样的缺陷，但每个人都有自己的闪亮之处，要善于发现和发扬自己的闪光点，以己之长补己之短，变不利为有利。

俗话说寸有所长，尺有所短，如何来以己之长补己之短呢？

先听我来说个故事：

当年苏州有个"水晶宫"酒店，酒店大堂门口配了个一米二三的小伙，这也许是老板的别出心裁。这小伙专门为往返酒店的客人开车门、做引导。虽说个子矮，可动作利索，反应快，而且敬业，他的服务让人非常舒服。人们无论是对他的表扬还是嘲笑，他都一样的面带笑容，从不发脾气，有时候还会开心地和客人说笑话："浓缩的都是精华，天生我才必有用，看我这高度，就是开车门的料。"由于他表现好，且能管人，后来还升了领班。这就是人虽矮小可志气不短，而且能扬长避短，充分发挥自己的优势，实现了自我价值。

缺陷和不足是每个人不可避免的，就看你怎么去面对，你如果能积极地面对，扬长避短，充分发挥你的亮点和发光点，只要你自信，乐观，有一个好的精神面貌，不管你有什么先天不足，你同样能在人生的道路上熠熠生辉。

卡耐基说过："一种缺陷，如果生在一个庸人身上，他会把它看作是一个千载难逢的借口，竭力利用它来偷懒、求恕、博取同情。但如果生在一个有作为的人身上，他不仅会用种种方法来将它克服，还会利用它干出一番不平凡的事业来。"

你可能有缺点，但你可以努力蜕变成一只"美丽的蝴蝶"！我们应当想办法扬长避短，充分发挥自己的优势。我们改变不了生命的长度，就要试着增加它的宽度，改变不了命运的诘难，就要努力提升自己的水平。这便是所谓的"以己之长，补己之短。"

在辽阔的草原上，我们无法仰慕高山的挺拔；在雄伟的长城上，我们无处寻觅大海的深沉，在幽静的山谷中，我们无法想象戈壁的荒芜。我们不需要为兔子不能游泳，小狗不会打洞感到烦恼。虽然野鸭教练说："成功的90%来自于汗水。"但改变不了客观事实，就应当学会以己之长，补己之短。

季羡林无法成为爱因斯坦，菲尔普斯无法成为迈克尔·杰克逊，拿破仑无法成为华盛顿。成功不仅仅取决于90%的汗水，也取决于客观的条件。不顾客观条件的约束，只是盲目付出，也是不容易取得成功的。每个人都有各自的不足，我们在弥补不足的同时，更要明白推进整体前进的重要性。

● 以他之长补己之短

记得一位数学教授说过一句话：圆规范、稳定、周长短、面积大；多边形新颖，多变、周长长、面积小……它们确个有所长，但孰不知，它们各自的优点也正是缺点之所在。面对某些情况，它们都将无地放矢，而二者互补长短后，却恰能适合，这就是所谓的"以他之长，补已之短"。

纵观古今，人类亦是如此，只看到自己优点而忽略他人，刚愎自用，最终在缺点面前败下阵来。一代霸王项羽，力拔山兮气盖世，不可不谓之勇，但最终却难逃失败。何也？项羽虽勇，但智谋不足，却又不能容忍智谋远胜于他的人，看不到自身缺点，自认为十全十美根本不用辅助。不把他人优点借为已用，必然失败。

当年汉高祖谈论多年征战经验，说道："打仗我比不上韩信，治国我比不上萧和，行军布阵我比不上张良。"此虽刘邦谦虚之说法，但也证明刘邦已意识到自身有缺点，要想成就大事，就须克服缺点，自身完全无缺何其难也，于是这就需要另僻奚径。刘邦是明智的，他集各人长处于一处，以他之长，补已之短，从面形成了一个完美的坚固的集团组合——汉室。

在整个大社会中，人人各有所长，只有每人都站到自己最佳位置上，补充社会大机器的不足，用已之长，补他之短，也同样用他之长，补己之短。

古人言："它山之石可以攻玉"。要善于发现别人的优点，善于总结自己的缺点，然后"取人之长，补己之短"。于人于己都是一种互惠互利，对于自身而言，是我们成长、完善，更好走好我们的人生；对于事业而言，博取众长，更好的、更完美的完成工作；对于领导而言，发挥团队优势，发挥集体智慧，一定会取的企业的辉煌。

所以说，我们更需要博闻强记，采百家之长补己之短，才是进步，才能成功。

● 没什么好自卑的

做人切勿妄自菲薄，要相信自己。审视自己，给自己一个正确的定位很重要。

有什么理由自卑呢？从天赋上来说，同样作为人类，如果不是疾病的困扰，其天赋的能力是相差不大的。比如智商并不会差很多，体能和寿命也相去不远。即便有小小的差距，也完全可以通过后天的努力弥补。

自卑是一种消极的自我评价或自我意识。一个自卑的人往往过低评价自己的形象、能力和品质，总是拿自己的弱点和别人的强处比，觉得自己事事不如人，在人前自惭形秽，从而丧失自信，悲观失望，不思进取，甚至沉沦。自卑是一种很危险的情绪。它是由"我不行情结"产生的一种心理障碍，自卑并不是自己能力真的不行，而是因为缺乏自信，自认为"我不行"而产生的一种错觉。就是说，自卑都是自己虚构出来的一个假东西。

能力与自信是相互依存的，有自信就有能力，没自信就没能力，提高自信，就能提高能力，降低自信就降低能力，有多大的自信就有多大的能力，自信下降到零，能力也就下降到零，自信提高到无限，能力也就提高到无限，没有自信，终生一事无成，信心百倍，就能创造意想不到的奇迹。

其实，命运完全由自己把握，别人的赏识要靠自己的表现，大家同处于一个社会，为什么别人如鱼得水，偏偏自己被社会遗弃，大家同处于一个世界，为什么别人的世界就阳光，自己的世界就阴暗。问题都出现在主观的"我不行情结"上，但感觉的迷惑性总是让人感觉到责任都出于客观因素。命运多舛的人总是要求老天把机遇送到自己的手中，总是希望老天按照自己的主观愿望行事，只要老天有一点不听自己的话，不如自己的意，就埋怨老天不公。只要抱着乐观积极的态度，有一线希望就照百分之百的努力，就再不会认为老天不公。人的能力是多方面的，知识、智慧、力气、长相、气质、组织能力、号召能力、胆量、魄力等，都只是能力的一个方面，而不是能力的全部，只片面地具备一个方面或几个方面，往往不代表自己有能力，只有具有了较全面的综合能力才是真有能力。

自卑是一种非常负面的心态。要根除一个人的自卑心，可以首先就要尽量少用消极用语。如"我就是这样""我天生如此""我不行""我没希望""我会失败"等。如果你总是把这些消极用语挂在嘴边，就只能使你更加自卑。把这些句子改成"我以前曾经是这样""我一定要做出改变""我能行""我可以试试""这次会成功的"等等。另外，也可以在另一方面弥补自己的缺点。因为每个人都有多方面的才能，社会的需要和分工更是多种多样的。一个人这方面有缺陷，可以从另一方面谋求发展。只要有了积极心态，就可以扬长避短，把自己的某种缺陷转化为自强不息的推动力量，也许你的缺陷不但不会成为你的障碍。

永远相信，你没什么好自卑的。只有自信的人才能逆风飞扬，活出精彩的人生。

● 人贵有自知之明

人贵有自知之明，但是往往事与愿违。我们常常不是把自己估计过高，就是对自己估计过低。

关于自知，孔子曾经问他的弟子子贡："你和颜回哪一个强？"子贡答道："我怎么敢和颜回相比？他能够以一知十；我听到一件事，只能知道两件事。"但是子贡也明白他的长处。子贡曾问他的老师孔子，他是什么样的人，孔子说子贡"器也"。子贡又问是什么样的器，孔子说是瑚琏。这段对话，见诸《论语·公冶长篇第五》。瑚琏是古代祭祀时盛粮食用的器具，于是有学者说，孔子认为子贡有执政的才能。但是，子贡很能看到别人的长处，决不自视甚高。

所谓自知之明，绝不可妄自尊大，也绝不可妄自菲薄。每个人都有其优点特长和缺陷短处，后天教育与环境的差异更是造就了不同的志趣、性格和风采，其能力和长处也各不相同。其中既有迷人之处，又有遗憾之处。它可能是爽朗、是幽默、是仁慈、是热情、是勤快、是深沉。当这些"自我"能真实地表露出来时，其魅力一定最动人。因此，哲人说："诚实地向自己展开自己，这是人生一道优美的风景线。"

自知，就是要知道自己、了解自己。常言道："人贵有自知之明"，把人的自知称之为"贵"，可见人是多么不容易自知；把自知称之为"明"，又可见自知是一个人智慧的体现。人之不自知，正如"目不见睫"——人的眼睛可以看见百步以外的东西，却看不见自己的睫毛。

不自知的人，大部分都喜爱听好话、奉承话，在听到好话、奉承话的时候，便会信以为真，飘飘然，觉得自己好伟大，他没有考虑在这些话的背后，说这话的人的目的是什么。《战国策·齐策》中的邹忌就很有自知之明，没有被旁人的吹捧搞昏了头脑，他说："妾之美我者，畏我也；客之美我者，欲有求于我也。"这里，他把吹捧者的内心揭示无余，因此也就不会被"妾"和"客"所欺骗。

有的人就如一只鸟儿，终其一生也只能活在自己的笼子里，它以为那就是自己的森林，那就是全部的世界，它在笼子里高歌，歌唱我的世界多么的广阔明媚，我的生活多么的惬意快活！

要真正了解自己，做到自知，就必须换一个角度看自己。首先，要"察己"。客观地审视自己，跳出自我，观照自身，如同照镜子，不但看正面，也要看反面；不但要看到自身的亮点，更要觉察自身的瑕疵。包括对自己的学识能力、人格品质等进行自我评判，切忌孤芳自赏、妄自尊大。其次，要不断完善自我，有则改之，无则加勉。须知道天外有天，人外有人；尺有所短，寸有所长。

人贵有自知之明。可怕的自我陶醉比公开的挑战更危险。自以为是者不足，自以为明者不明。自明，然后能明人。流星一旦在灿烂的星空中炫耀自己的光亮时，也就结束了自己的一切。自高必危，自满必溢。胜时自己就认为完美无缺，成就大就居功自傲，名声高即目中无人。在这方面古人有经典论述，"三人行，必有我师焉"，"知人者智，自知者明"。只有真正了解自己的长处和短处，避己所短，扬己所长，才能对自己的人生坐标进行准确定位。当你认识到自己的不足之时，也就是进步的开始。

据说在阿尔卑斯山的入口处，就写着 "认识你自己"这样一句警语，让人们永远记住这句话。因为只有认识了你自己，你才能变得睿智，你才能胜不骄、败不馁，才能"不以物喜，不以己悲"，踏踏实实过自己的人生。

● 黄金不必发银光

　　如果世界是银色，那你是不是应该发出金色的光呢？的确，有很多理由让我们变成银色的。首先，我们不应该那么异端，在一个银色的世界里，金色的存在就是一种不和谐，如果可能，你应该发出的光芒是最纯洁的银色。但你是一块黄金的话，怎么办？为了周围的肯定，也假装成一块白银吗？

　　正如一对父子和一头毛驴去赶集。父亲疼爱儿子，于是把儿子扶上驴背，这样走了一程过后，有好事者开始劝诫这位儿子，因为父亲毕竟年迈，所以这头毛驴应该父亲骑。这对父子听从了这个建议，又走了一段路，或者你认为这样没问题吧？才不是呢，又有好事者在旁边劝诫，他的理由是，作为父亲的，不应该这么不心疼孩子，让孩子走路，自己却骑毛驴。当父亲的想想了，于是把儿子也拉上驴背，心想这样总没人说了吧。结果却不是这样，又有好事者开始讲大道理了。他指责这对父子虐待牲口，一头毛驴两个人骑。这话听起来好像也有道理，于是父子两个下地走路。没想到的是，依然会有人发表意见。什么意见呢？放着毛驴不骑，不是傻瓜吗？

如果你要一味与人为善，迎合他们，取悦他们。那么你就会在这些应该与否中活活困死。不可否认许多个人试图通过取悦他人来获得自我，但没一个人希望把自己以及自己的行为塑造成一种可能纯粹是为了取悦他人的形式。换言之，没谁真正原意被强迫成，而都希望伸张自己的愿望和个性。只不过，某些时候，当他们无法从内在取得对自己的肯定的时候，往往寄希望于外在的评价来肯定自己，而这种虚弱的肯定，往往伴随着一次否定而支离破碎，这就是心理不强大带来的弊端。也就是说，当一块黄金并不能认识和肯定自己价值的时候，他就渴望获得白银世界的承认。

为了"证明"自己，我们往往用学业的优异、事业的成功等在外部可能获得好评的成绩来充实我们的信心。然而，当别人并不认可的时候，就会有很强的失落感，为了逃避这种失落，有些时候，明明我们自己不喜欢某东西，但是盲目表示认同；明明自己喜欢的东西却顾忌左右，犹豫不决。

固然，每一个人都不是孤立存在的，我们都活在社会之中，就需要遵守一些社会的基本规则，但这并不等于我们需要放弃自己的思想、去迎合他人的爱好。因为我们永远不必要成为人家眼中的自己，而要成为自己的自己，真实的活着，尊重内心的呼唤。

所以，黄金就要有黄金的本色，而不需要顾及他人的评价。因为我们的价值来源于自我的肯定，而非外界的评价。我们只需要知道自己要什么，怎么要，什么时候要等。其实，本色的人生是最可爱的。正如某位叫东施的女人，应该姿色普通，生活平安，完全可以按自己的方式生活下去，但是，她却被一位叫西施的美女影响了。在她眼里，西施的一言一笑，一举一动都是那么美不胜收，都会让每个男人迷恋不已。出于一种好学，或者是别的什么目的，她也做出一副病态，然后风韵全无。甚至连之前的朴实也丧失了。

我们提倡本色做人，肯定不是那种毫不顾及他人感受，具有侵略性的率真。本色源于内心，是一种平淡的坚持，而非做事咄咄逼人，只顾自己的利益，毫无利他思想和团队精神。如果有人把这样的行为叫做本色，那么他所谓的本色其实是一种没有教养的表现。我们提倡的是，本色做人，角色做事。像铜钱一样，外圆内方。保持自己的原则，不被外面的东西压倒自己的原则，自己的独特处，但在处事方面含蓄而委婉，也许圆滑是不好，但是分清场合与人，有时是不得已，但对亲人朋友，就做回真正的自己，在外人面前随时记住你的角色，按角色做事，演出演技。本色做人是内功，角色做事是外功，内外兼修方成高手。

社会是一个大舞台，人生是出不寻常的戏。自己是导演或演员，没有机会给你彩排，只能在不同的角色不同的戏中学习锻炼自己的演技，用心的你会有不同的天地。你的地盘你做主，别人的地盘因你的演技高超同样为你留有空位。所以演技是你的能力，演出是你的表达，角色是你的状态！做本色的自己，办好自己角色！

欣赏"竹影扫阶尘不动，清风穿花了无痕"这样一种意境。水流得再急，四周环境依然宁静，花落得再多，意兴依然闲适。本色人生，保有一颗温和高贵的心，待人接物，风清月朗，便能享受到生活的美好，这才是真正的人生大智慧。生活在原处，是我们成熟的一种标志。

● 自甘平庸是一种罪过

大多数人都是平凡的，但是这并不等于平庸。因为平凡中孕育着伟大，平庸中却蕴含着悲哀。平庸的人就象长不高的树，虽然也与众多的树同在一片林中，却永远也无法撑起属于自己的那片天空。而平凡的人，即便不出众，他也诚实而认真地生活着，他拥有自己哪怕很小，但是真实的世界。

我们每个人，可能平凡，也可能平庸，正如奥斯特洛夫斯夫所说："人的一生可能燃烧，也可能腐朽"，平凡的人也在燃烧自己，而平庸的人却躲在自己的世界中慢慢凋谢。这或者是两者本质的不同。仅从字面上理解，好象两者没有多大差别，因而，有许多人，在遇到挫折之后，不是从哪里跌倒从哪里爬起来，而是口诵佛口，宣传回归平淡，用平平淡淡才是真为自己开脱。这类人就没有厘清平凡和平庸的区别。甚至佛家也说"不入红尘，焉能看破红尘"，既然如此，那么没有拼搏过，奋斗过，根本没有体会到红尘的真正滋味，又岂能看破，又从哪里看破呢？一位少年在一位中年人面前侃侃而谈，从淡泊而明志，谈到隐士，再谈到渔夫的故事。他说："一位功成名就的人最后还是会回到海边钓鱼，而渔夫一直就干这件事，所以，奋斗有什么意义呢？"中年人反驳他说："你觉得这两者一样吗？一个为了生活，一个为了情趣，同为钓鱼，个人境界有天壤之别。"

一个人自甘平庸时，多自伤身世，埋怨自己没有一个当官的爹，一旦小有成绩就知足不前。一个人自甘平庸时，总是以为自己回归了理性，成熟起来了。实则不过是掩盖了自己的惰性。一个人自甘平庸时，不再有任何斗志，一味抱着安全第一的思想，丧失了开拓和冒险精神。平庸的人乐于用老眼光看人，不知道世界的车轮轰轰，不等待任何一位乘客。平庸的人靠一切无聊的方式调剂自己的生活。

出身贫苦农民家庭的卡耐基，自幼受到他母亲的教育和影响。母亲婚前曾当过教员，所以母亲鼓励他一定要上学读书，希望他将来做一名教员和传教士。家境贫穷促使少年时代的卡耐基必须以艰苦奋斗的精神去读书求学。1904年，他高中毕业考入了华伦斯堡的州立师范学院。每天放学回家，他还要帮助父母挤牛奶、伐木、喂猪；到了深夜，他就在煤油灯下刻苦读书，颇有点中国古训所标榜的头悬梁、锥刺股的精神。为了赚取必不可少的学费和书费，他还要经常给人家干活。但他不肯向现实屈服，总想寻求改变命运、出人头地的途径。他发现学校里的同学中有两种人最受重视：一种是体育出色的人。如棒球队的队员；在一种就是口才出众的人，那些在论辩和演讲比赛中获胜者。他知道自己的身体不够强壮，缺乏体育运动的才能，就决心在口才演讲方面下功夫，争取在比赛中获胜。他花了几个月的时间苦练演讲，但在比赛中一次又一次地失败了。失望和灰心使他痛苦不堪，甚至使他想到自杀。然而他终于不肯认输，又继续努力，他从第二年开始获胜了，这个突破为他以后的志向和事业埋下了思想的种子。一个教导人们如何演讲与交际的大师，想当初却在演讲比赛中屡遭失败，这个巨大的反差对于我们深刻领会卡耐基课程的思想内涵具有很重要的启示。

毕业后，卡耐基当过推销员，学过表演。推销工作使他赚到钱，也锻炼了他的口才，但这种工作不是他的理想。他在大学里就梦想当一名作家或演说家，成就一番伟业。他认为只能赚钱谋生而不能实现理想的生活不是有意义的生活。于是，他决心白天读书写作，晚间去夜校教书，他很想教公开演讲课。因为他认识到口才与演讲对一个人走向成功极为重要，而他在这方面下过功夫，有所经验。正是口才与演讲上的训练和经验，扫除了他以往的怯懦和自卑心理，使他有勇气和信心跟各种人打交道，增长了做人处事的才能。他要把他的亲身体会告诉人们，他要从事口才、演讲与交际艺术的研究和教育。于是，他说服了纽约的一个基督教青年会的会长，同意他借用一间房子在晚间为商业界人士开设一个实用演讲培训班。从此，他开始为之呕心沥血、奋斗终生的成人教育事业。

平庸是一种状态，也是一种心态。是一种生活方式，也是一种道德观念。想让理念之光闪现，就得摆脱平庸。摆脱平庸，首先要摆脱自卑。自卑的人总习惯于低头走路，自卑的人总习惯于在人后跟随。自卑会使人的意志衰退，自卑会使生命的花朵枯萎。

要摆脱平庸，必须选准目标与方向。没有目标，就没有动力，没有方向，就会虚掷青春。换句话说，你必须选准自己的路。切记：走别人的路，再快也在人后；走自己的路，再慢也在人前。

要摆脱平庸，更需要多几分自信。勇敢是勇敢者的通行证，悲观是悲观者的墓志铭。如果你自己都不相信自己，还有谁能给你动力？人生最大的敌人就是自己，人生最好的朋友也是自己，只有你才能打倒你，也只有你才能解救你。别指望别人，也不要蔑视自己，扬起生命的征帆，鼓起乘风破浪的勇气。

要摆脱平庸，还要学会思考。不思考的人是傻瓜，不思考的人冥顽不化，这类人是生活的奴隶，只会按部就班，照本宣科。

对于别人的平庸，尚可原谅。对于自己的平庸绝不可原谅。平庸者开始觉醒，他就不会继续平庸，平庸者平庸尚要装作高明，他将永远平庸。

要摆脱平庸，最重要的是不要为自己的平庸找任何理由。日月经天，从不解释自己的阴晴圆缺，江河行地，从不解释自己的去向。

当然，摆脱平庸，不是一定要我们去追名逐利，通过不正当手段得到地位名声，但是通过正当的行为奋斗，让我们走出平庸。

自甘平庸是一种罪过，是一种心魔。那不是自知之明，而是对自己一无所知。它是一种极不负责的行为。从大的方面来说，这种自暴自弃意味着对社会尽不到应该尽的责任，天下大事，匹夫尚且有责，而自甘平庸的人对社会一无用处。从小的方面来说，自甘平庸也是对家庭的不负责，因为这种不负责，他不再奋进，不再谋求给妻儿一个好的生活保证，不再谋求对父母的老年平安负责。

摆脱平庸，走出人生与生命的低谷。长夜过后，迎接你的定是那灿烂的黎明。

● 超越自我是通往梦想的阶梯

人的一生，总是在与自然环境、社会环境、家庭环境做着适应及克服的努力。因此有人形容人生如战场，勇者胜而懦者败；从生到死的生命过程中，所遭遇的许多人、事、物，都是战斗的对象。其实，自己的心念，往往不受自己的指挥，那才是最顽强的敌人。

不能自胜者常常同时是一个失败者。他的并不完全因为实力的差距。而是在心理上默认了一个"不可跨越"的高度限制。

我们常常也跨不出自己默认的那个圈点，认为自己只能在这个圈点范围内活动和工作，任何超越这个圈点的想法都是不现实的，不能实现的．有很多人本来按照自己的实力完全可以找一份理想的工作，然而由于自我设限把自己关进了一个狭小的圈子里，导致自己的实力没得到充分展示，没有把自己的光和热全部释放出来，给自己的人生留下了太多的遗憾和感伤！

而能够自胜者，由于克服了自身的一些缺点，把自己的短板变成长处，所以，又往往能够创造奇迹。

美国船王哈利曾对儿子小哈利说："等你到了23岁，我就将公司的财政大权交给你。"谁想，儿子23岁生日这天，老哈利却将儿子带进了赌场。老哈利给了小哈利2000美元，让小哈利熟悉牌桌上的伎俩，并告诉他，无论如何不能把钱输光。

小哈利连连点头，老哈利还是不放心，反复叮嘱儿子，一定要剩下500美元。小哈利拍着胸脯答应下来。然而，年轻的小哈利很快赌红了眼，把父亲的话忘了个一干二净，最终输得一分不剩。走出赌场，小哈利十分沮丧，说他本以为最后那两把能赚回来，那时他手上的牌正在开始好转，没想到却输得更惨。

老哈利说，你还要再进赌场，不过本钱我不能再给你，需要你自己去挣。小哈利用了一个月时间去打工，挣到了700美元。当他再次走进赌场，他给自己定下了规矩：只能输掉一半的钱，只剩一半时，他必须离开牌桌。

然而，小哈利又一次失败了。当他输掉一半的钱时，脚下就像被钉了钉子般无法动弹。他没能坚守住自己的原则，再次把钱全都压了上去，还是输个精光。老哈利则在一旁看着，一言不发。走出赌场，小哈利对父亲说，他再也不想进赌场了，因为他的性格只会让他把最后一分钱都输光，他注定是个输家。谁知老哈利却不以为然，他坚持要小哈利再进赌场。老哈利说，赌场是世界上博弈最激烈、最无情、最残酷的地方，人生亦如赌场，你怎么能不继续呢？

小哈利只好再去打短工。他第三次走进赌场，已是半年以后的事了。这一次，他的运气还是不佳，又是一场输局。但他吸取了以往的教训，冷静了许多，沉稳了许多。当钱输到一半时，他毅然决然地走出了赌场。虽然他还是输掉了一半，但在心里，他却有了一种赢的感觉，因为这一次，他战胜了自己。

老哈利看出了儿子的喜悦，他对儿子说："你以为你走进赌场，是为了赢谁？你是要先赢你自己！控制住你自己，你才能做天下真正的赢家。"

从此以后，小哈利每次走进赌场，都给自己制定一个界线，在输掉10%时，他一定会退出牌桌。再往后，熟悉了赌场的小哈利竟然开始赢了：他不但保住了本钱，而且还赢了几百美元。

这时，站在一旁的父亲警告他，现在应该马上离开赌桌。可头一次这么顺风顺水，小哈利哪儿舍得走？几把下来，他果然又赢了一些钱，眼看手上的钱就要翻倍——这可是他从没有遇到过的场面，小哈利无比兴奋。谁知，就在此时，形势急转直下，几个对手大大增加了赌注，只两把，小哈利又输得精光。

从天堂瞬间跌落地狱的小哈利惊出了一身冷汗，他这才想起父亲的忠告。如果当时他能听从父亲的话离开，他将会是一个赢家。可惜，他错过了赢的机会，又一次做了输家。

一年以后，老哈利再去赌场时，小哈利俨然已经成了一个像模像样的老手，输赢都控制在10%以内。不管输到10%，或者赢到10%，他都会坚决离场，即使在最顺的时候，他也不会纠缠。

老哈利激动不已，因为他知道，在这个世上，能在赢时退场的人，才是真正的赢家。老哈利毅然决定，将上百亿的公司财政大权交给小哈利。

听到这突然的任命，小哈利倍感吃惊："我还不懂公司业务呢。"老哈利却一脸轻松地说："业务不过是小事。世上多少人失败，不是因为不懂业务，而是控制不了自己的情绪和欲望。"

老哈利很清楚，能够控制情绪和欲望，往往意味着掌控了成功的主动权。

所以我们一定要学会战胜自己。当你的贪欲可能带给你不必要的损失时，你就应该尽力克制这种欲望；当你感觉自己开始懒惰，不愿自己的事自己做，你就应该好好地反省一下自己的行为，要战胜你心中的懒惰；当你遇上挫折时，不要放弃，也不必着急。古人云：车到山前必有路。找到失败的原因并吸取教训，总结经验，那你就战胜了挫折；当你的成绩或其他方面不如别人时，你也别自卑，因为只要加倍地付出努力，你也能得到相应的回报，能证明自己并不比别人逊色。

贪婪、懒惰、自私、挫折、自满、平庸、自卑……这些都是战胜自己的前提条件，只要战胜了它们，你将有所成就，有所作为，你的前途将是光明的。

　　勇敢地舍弃自己是战胜自己，执着地坚持自己是战胜自己，何时舍弃、何时坚持才是最难以把握的，我们要做的就是不断地学习和实践，在学习和实践中，提高自己决策的能力和鉴别的能力，懂得何时应该毫不犹豫地舍弃自己、何时应该义无反顾地坚持自己，这需要我们付出一生的努力，也可以说，人的一生就是一个不断地舍弃自己与坚持自己的过程，是一个不断征服自己的过程，因为，只有战胜了自己，才有可能走向胜利。

　　一个绝望的人，如果战胜了自己，就能看见从黑暗的深处射来一道金光，它能指引你人生的前进道路。战胜自己，这是任何人在人生道路上都必须经过的一道关。

第 三 章

做回你自己，
你没必要为别人活着

做 自 己 ， 别 被 世 界 改 变

● 不要给自己套上枷锁

有人把一只跳蚤放进玻璃杯里，跳蚤轻易地跳了出来。重复几遍，结果还是一样。

接着，这人再次把这只跳蚤放进杯子里，然后盖上一个玻璃盖。这次，跳蚤依然想要跳出玻璃杯，但是每次都重重地撞在玻璃盖上——显然，它是不可能跳出去的。

跳蚤感到十分困惑，但是它没有停下来，而是一直跳。一次次被撞，跳蚤开始根据盖子的高度来调整自己跳跃的高度。

几天以后，实验者发现这只跳蚤没有再撞击那个盖子了，而只是在盖子下面来回跳动。又过了几天，实验者把玻璃盖子轻轻去掉，任凭跳蚤跳跃。

3天后，再次观察，发现这只跳蚤还在玻璃杯里。

一周以后实验者发现，这只跳蚤还在玻璃杯里不停地跳着，但是，此时它始终都无法跳出玻璃杯了，虽然玻璃杯上已经没有盖子了。

难道跳蚤真的不能跳出这个杯子吗？当然不是，跳蚤跳的高度一般可达它身体的400倍左右。

其实，真正造成跳蚤无法跳出杯子的原因就是在它的心里已经默认了这个杯子的高度是自己无法逾越的。

不要给自己套上枷锁，当你一旦习惯了某种思维模式后，就很容易形成习惯，继而被这种习惯所束缚。不要给自己套上枷锁，充分发挥自身的主观能动性，超越命运，改变命运。

大多时候我们不能成功并不是被外物束缚住了脚步，而是源自于我们自身，一旦自身的思想被束缚住，有了枷锁，就会限制自己的能力，就认为自己不行，以至于失败。

威廉·奥斯瓦尔德是德国著名化学家，曾获得诺贝尔化学奖。和别的孩子不同，在奥斯瓦尔德还很小的时候，他根本不知道自己将来要做什么。于是奥斯瓦尔德在读中学时，父母为其选择了一条学习文学的道路。但老师对他的评价是："他很用功，但过分拘泥，这样的人即使有很完美的品德，也无望在文学上有所建树。"

这时，奥斯瓦尔德对油画产生了兴趣，于是父母充分尊重了儿子的选择，让他改学油画。但他既不善于构思，亦不会润色，更缺乏艺术的理解力，成绩在班上常常倒数第一，很明显他也不具备画画的天赋。老师的评语变得简短而严厉："你在绘画艺术上是不可造就之材。"

即使这样，父母和奥斯瓦尔德也仍未气馁，主动到学校征求意见。化学老师见他做事一丝不苟，建议他学化学。这时，奥斯瓦尔德的智慧火花才仿佛被激发，这位在文学、绘画艺术上的不可造就之材被公认为化学方面的高才生。1909年，他获得诺贝尔化学奖，成为举世瞩目的科学家。

不要给自己套上枷锁，要知道人无完人，没有谁是什么都会，什么都能做的。充分发掘自己的潜能，一件事不行就重新尝试另一件，总有一件事是适合你的。找准自己的位置，充分利用自己隐藏的潜能，你就能成功。

● 亮出你自己

你是不是也在为自己空有满腹才华却得不到重用而郁郁寡欢？你是不是在等着那个"最佳时机"来展现抱负？你是不是混在人群中勤勉努力地在等着老板发现你？如果你现在还存有这种思想的话，那你就"out"了。既然有才华，就要懂得"亮"出自己，只有亮出自己，你才可能得到别人的青睐。

19世纪时有一位瑞典青年，家境很不好，穷困得连肚子都填不饱，更别提入学受教育了。青年虽然在这种环境之下成长，但是丝毫不气馁，一有时间就自学，因此学习了许多关于建筑和化工方面的知识。他决心要用自己的所学改变自己的命运。

后来，青年凭着所学的一些知识，开始进入建筑公司做起了小助理。他积极努力地工作，因为表现出色，先后协助了一些著名建筑师的工作，在这段时间里，他累积了许多宝贵的经验和知识，再加上潜在的天分，逐渐在建筑界小有名气，为许多人所肯定。但是，由于他没有好的学历和出身背景，所以不管他再怎么努力，也无法打入上流社会，成为地位崇高、有名望的建筑师。看到无法实现愿望，青年因此郁郁终日。

有一天，他在街上远远地见到一群侍卫，簇拥着瑞典国王查理四世出访，他情不自禁地想："如果我有国王这样的机遇就好了。"

查理四世原来是个法国人，曾是拿破仑身边的元帅，由于他的卓越才能为老瑞典国王所赏识。因此在临终之前收他为义子，要他统治瑞典。

查理四世不负老瑞典王的厚望，将瑞典治理得井井有条。

但是，要怎么样才能引起国王的注意呢？青年动起了脑筋。

"如果我能建造一个很特殊的建筑物，来吸引国王，那就好了！"青年的眼睛一亮，"对呀！国王原来是法国人，如果我在瑞典建造一座类似法国凯旋门的建筑物，一定能引起他的注意。"

有了这个想法，于是青年四处奔走，争取到几位过去有生意往来的企业家的支持，不久之后就在一座瑞典小城内，盖起了一座抓住了法国凯旋门神韵的建筑物。一天，国王经过小城，看到这个建筑物时，惊讶得说不出话来，睹物思情，缅怀过往，引发了他许多的感慨。

事后国王特别召见青年，夸赞他的建筑技术。

受到国王赞赏的青年，忽然之间声名大噪，各大媒体争相报导有关他和他的建筑作品，他被大家奉为天才。从此，他不但挤进了上流社会，更一跃成为瑞典建筑界大师，身价百倍。

纵然满腹才华又如何，不主动"亮"出你自己，你永远也得不到赏识，就很难成功。所以，与其默默无闻地等待别人发掘，不如寻准机会展示你不凡的品质。你是块金子，就要主动寻找机会让自己"发光"，不然就会被泥沙掩埋，永不见天日。

一位来自商业银行的专家来一所大学做演讲，在演讲之前，他讲了这样一个故事：

"我刚到美国的时候，大学经常有讲座，每次都是请华尔街或跨国公司的高级管理人员来演讲。每次开讲时，我发现一个有趣的现象，我周围的同学总是拿一张硬纸，中间对折一下，用极其醒目的彩水墨色写说自己的名字，然后放在座位上。於是当讲演者需要听者响应时，他就可以直接看名字叫人。"

"我不解，便问前面的同学。他笑着告诉我，讲演的人都是一流的人物，当你的回答令他满意或者吃惊时，很有可能就预示着他会给你提供更多的机会。这是一个很简单的道理。"

"事实如此，我确实看到我周围的几个同学因为出色的见解得以到一流公司供职。这件事对我影响很大，机会不会自动找到你，你必须不断地醒目地亮出自己，吸引别人的关注，才有可能寻找机会……"

推销大师乔·吉拉德就是那种善于寻找机会，时时准备"亮"出自己的人，也正是这一点才让他最终成为了世界上最伟大的推销员之一。

无论何时何地，只要碰到人，吉拉德都会从口袋里掏出他的名片双手递给对方。每次在餐馆吃饭，吉拉德总是会多给一些小费，然后他会送几张名片给侍应生，因为小费给的多，那么对方也就印象深刻，他们按照名片上的电话号码找吉拉德买车。

就算连在体育馆看足球比赛，吉拉德都不忘向别人发放自己的名片。这时候因为人多，吉拉德的名片也是带得最多的，他一进体育场就会选择一个最好的位置，只要一进了球，球迷们在为自己的球员进球欢呼的时候，吉拉德就从口袋里掏出名片，大把地撒下空中。由于球迷们本来就为球队进球而开心，那么对吉拉德送出的名片也就不会反感，于是他们会伸手去抓吉拉德抛在空中的名片，看完之后会放入自己的口袋，也许将来买车能用得着，或者把这个消息告诉朋友也好啊。这就给吉拉德的雪佛莱汽车做了一次很好的广告。

更绝的是，吉拉德在演讲的时候，也会带上自己的名片，每次演讲完之后，吉拉德都会站在讲台边，对着台下的听众大声地喊道："你们想知道我成功的秘诀吗？"

"想啊，我们太想啦！"台下的观众大声地叫道。

"那你们收到了我的名片吗？"于是吉拉德会大声问。

"有，我们有。"

"亲爱的朋友们，但是还不够。"于是他从口袋里掏出大把的名片，像雪花一样地撒向台下。

所以，只要有吉拉德的地方，就会有他的名片。正是这些名片，让人们记住了吉拉德，当他们想买车的时候，他们就会记起那个抛洒名片的销售员。于是电话就接二连三地打到了吉拉德的办公室，最终造就了吉拉德的销售神话。

勇敢地亮出你自己，亮出自己鲜明的旗，才能在一瞬间给人深刻印象。在人才辈出、竞争日趋激烈的时下，机会一般不会自动找你，你只有敢于表达自己，亮出自己，让别人认识你，吸引对方的关注，你才有可能抓住机会，取得成功。

● 拒绝消极，理直气壮地做自己

什么是消极思维？一是缺乏耐心，事业做到了一多半，离成功只有一步之遥了，这时你却因为某一点挫折而放弃；二是没有信心，总认为自己比别人差，担心自己做不好，从而白白丧失许多机会；三是过于自我满足，不思进取，就像一个只顾攒钱而不去挣钱的人，终究会有一天由于世道的变故而走上穷途末路。

漫漫人生路，波折和坎坷在所难免，跌倒、失败，不该影响我们对未来成功的希冀和坚定。对于已经成为过去式的经历，我们除了叹息或悔恨外，则无力去改变。对于未来，谁敢肯定，它就一定会比你的过去更糟，它就一定是你失败经历的延续呢？

在美国小女孩芳娜的记忆中，她童年的天空似乎永远是灰色的。不幸身为私生女的她，在周围人们的眼中总是那么卑微与耻辱。老师和同学冰冷、鄙夷的目光，小镇上居民在她和妈妈背后的指指戳戳与窃窃私语，让年幼的她变得越来越自卑，开始主动封闭自我、逃避现实，不愿与周围的人接触。

据说在她13岁那年，小镇上新来了一个牧师。每到礼拜天，镇上的居民便扶老携幼纷纷走进教堂，听这个有修养的牧师讲经。从教堂出来的人们脸上都洋溢着快乐，而芳娜每次只是静静地躲在远处，去想象教堂里的美好，却从不敢走进去。因为她懦弱、胆怯、自卑，她认为自己没有资格进教堂。

有一天，她鼓起勇气，偷偷地溜进了教堂，躲在最后一排听牧师讲经。牧师正讲道："过去不等于未来。过去你成功了，并不代表未来还会成功；过去失败了，也不代表未来就要失败，因为过去的成功或失败，只是代表过去，未来是靠现在的行为去决定的。现在干什么，选择什么，就决定了未来是什么！失败的人不要气馁，成功的人也不要骄傲，成功和失败都不是最终的结果。它只是人生过程的一个事件。因此，这个世界上不会有永恒成功的人，也没有永远失败的人。"芳娜听后，心灵犹如流过一股暖流，封闭的心开始慢慢融化。

她后来每个周末都要溜进去听讲，却总是在结束前悄悄离开——她不想让别人看到。

直到一天，听得入迷的她忘记了提前离开，在散场的人群中，牧师的一双手突然搭在她的肩上，他和蔼地问芳娜："你是谁家的孩子？"人们都愣住了，芳娜也完全惊呆了，不知所措地站在那里，眼里含着泪水。

这个时候，牧师脸上浮起慈祥的笑容，可亲地说："噢——知道了，我知道你是谁家的孩子——你是上帝的孩子。"他抚摸着芳娜的头发说："这里所有人和你一样，都是上帝的孩子！过去不等于未来——不论你过去怎么不幸，这都不重要。重要的是你对未来必须充满希望。现在就做出决定，做你想做的人。孩子，人生最重要的不是你从哪里来，而是你要到哪里去。只要你对未来充满希望，就会充满力量。不论你过去怎样，那都已经过去了。只要你调整心态、明确目标，乐观积极地去行动，那么成功就是你的。"在人们的掌声中，芳娜终于抑制不住激动，眼泪夺眶而出。

从此，芳娜的人生彻底改变了，她不再自卑，不再在意自己的身世，在40岁那年，她担任了田纳西州的州长，后弃政从商，做了一家大型跨国企业的公司总裁。67岁时，在她的回忆录《攀越巅峰》一书的扉页上，她写下了神父的话："过去不等于未来，从现在起就理直气壮地做一个你想做的人！"

著名的球王贝利在回答记者关于哪一个进球是他最值得骄傲时，他平静地说："下一个。"是的，过去的成功，代表的只是过去，未来什么都有可能发生。昨天的成功与失败，都随着"现在"这个分水岭，被留在了生命的过往旅途中。未来，意味着无限可能。

　　放弃消极的思维吧，因为无论是辉煌的过去还是不忍回首的昨天，都已经是逝去的过往，光荣不可重现，失败不会持续，明天才是应该追求的。

● 敢于正视和承认不足

有个希腊穷人到雅典的一家银行应聘门卫工作，人家问他会不会写字，他很不好意思地说："我只会写自己的名字。"他因此没能得到这份工作，无奈之下他借了点钱去另找出路，渡海去了美国。

几年后，他竟然在事业上获得了巨大成功。

一位记者建议他说："您该写本回忆录。"

这位企业家却在众多媒体人物到场的情况下笑着说："绝不可能，因为我根本不识字。"

记者大吃一惊。

企业家很坦然地说："任何事有得必有失。如果我会写字，也许现在我还只是个看门的。"

这位企业家并没有因为自己是一个有身份的人而认为自己不识字是低人一等或没有品位。他认为，诚实才是做人的灵魂。

生活中常有这样一些人，到处充当"无所不知"先生。每当人们谈起一个有兴趣的问题时，他就不知从什么地方钻出来，接过话头信口胡说："这个嘛，我知道……"捕风捉影地胡吹一通，驴唇不对马嘴也毫不脸红。

这样做看似有面子，但往往容易弄巧成拙。其实，本着老老实实的态度做人处世，在与人讨论问题的时候，"知之为知之，不知为不知"，勇于承认自己有不懂的知识，坦率地向内行人请教，反倒是能够留给人们极好的印象。同时自己因谦虚也可以得到不少新的知识，亦不必因自欺欺人而感到内心不安。

这个道理你可能会说"谁不知道！"或许你说得对。问题是对于有些人来说，道理好懂，做起来却难，光为了"面子"，就会使人难于说"不知道"。

一位研究生曾回忆说，他曾遇到过这样一件事，由于学位论文在正式答辩前要送交专家审阅，他便把他写的有关宇宙观的哲学论文送交给一位物理系教授，请他多多指教。但他没有想到的是，这位老前辈第一次约见他的时候就诚恳地对他说：

"实在对不起，你论文中所写到的物理学理论我还不太懂，请你把论文多留在我这里一段时间，让我先学习一下有关的知识后再给你提意见，好吗？"

　　他当时简直不敢相信自己的耳朵，不是因为相信老教授真的不懂，而是因为这样一位物理学的权威大家，敢于当着一位还没有毕业的研究生的面承认自己在物理学领域还有不懂的东西！

　　老教授大概看出了他内心的疑惑，爽朗地笑了起来："怎么，奇怪吗？一点都不奇怪！物理学现在的发展日新月异，新知识层出不穷，好多东西我都不了解，而我过去学过的东西有很多现在已经陈旧了，我当务之急是重新学习。"

　　老教授的这番话使这位研究生佩服得五体投地：这才是真正的学者风度！回想起自己经常碍于面子，在同学面前，不知道的事情也硬着头皮凭着一知半解去发挥，真是十分惭愧！

　　在他做论文答辩时，有一位外校的教授向他提出了一个他不懂的问题，他虽然觉得心跳加速，脸直发烧，但一看到坐在前面的那位物理系教授，顿时勇敢地说出"我不知道"。他原以为在场的人会发出讥笑，但结果并没有发生这种不利的反应。他还见那位教授满意地点了点头。答辩会一结束，老教授就把他叫到一边，详细告诉了他那个问题的来龙去脉，使他大受感动。

　　老教授敢于向青年人承认自己的"不懂"，使研究生对他更加尊敬；研究生深受教育，在答辩时面对难题，也承认了自己知识的不足，同样受到他人的赞赏。可见，承认"不知道"不但可在人们的心目中增加可信度，消除人际关系中的偏执和成见，开阔视野，增长知识。

● 认识错误也是一种体面

是人都难免犯错。如果你发现自己错了，最好要勇于承认自己的错误，这不但可以弥补破裂的关系，而且可以增进感情，但勇于承认自己的错误却不是一件容易的事情。有一位名人曾经说过："人们敢于在大众面前坚持真理，但往往缺乏勇气在大众面前承认错误。"有些人一旦犯了错误，总是列出一万个理由来掩盖自己的错误，这无非是"面子"在作怪。他们以为，一旦承认自己的错误就伤了自尊，就是丢了个人面子。这种想法，无异于在制造更多的错误，来保护第一个错误，真可谓错上加错。

古人说过："人非圣贤，孰能无过，过而能改，善莫大焉。"意思是说，人都会有过失，只要能认识自己的过失，认真改正，就是有道德的表现。孔子曾把"过失"比喻为日食与月

食，无论怎样对待大家都会看得清清楚楚。因此，最好的办法是
坦诚地承认自己的错误，通过承认错误表现出谦虚的品格。知道
自己犯错误，立刻用对方欲责备自己的话自责，这是聪明的改正
方法，这会使双方都感到愉快。

每个人都有自己的自尊心和荣誉感，如果肯主动承认自己的
错误，这不仅不会使自尊受到伤害，而且也会为自己品格的高尚
而感到快乐。

事实上，主动承认自己的错误，不但可以增加相互之间的了
解和信任，而且能增进自我了解进而产生自信心。有时候，人们
非要等到自己看见并接受自己所犯的错误时，才能真正了解自己
的能力。当年的亨利福特二世就是从错误中学习，并在改正错误
时真正了解自己的能力的。当年，26岁的亨利福特二世接任了美
国福特汽车公司的总裁。上任后，他的创新、实验和努力避免错
误产生的做法，扭转了公司亏损的局面。有人问他，如果让他从
头再来的话，会有什么不同的表现。他回答道："我只能从错误
中学习，因此，我不认为自己可能有什么与众不同的作为，我只
是尽量避免重犯不同的错误而已。"

如果你说过伤人的话、做过损害别人的事，坦诚地承认自己
的错误会使你心胸坦荡，这将使你踏向更坚强的自我形象，增进
你在他人心中的人格魅力。早在2000年前古希腊的哲学家留基
伯与德谟克利特，就从自己错与别人错的比较中，明确地指出：
"谴责自己的过错比谴责别人的过错好。"不明智的人才会找借

口掩饰自己的错误。假如你发现了自己的错误，就应尽快地承认自己的过错，这不仅丝毫不会有损于你的尊严，反而会提升你的品格。

● 对自己说："我能行"

心理学上说：个人的积极性信念对个人的行为有着很大的影响，"告诉自己，我能行"，从心理学的角度讲，这是一种积极性的信念。这种适当的积极的自我期待，能够增加影响他人的砝码。

1960年，哈佛大学的罗森塔尔博士曾在加州一所学校做过一个著名的实验。

新学期，校长对两位教师说："根据过去几年来的教学表现，证明你们是本校最好的教师。为了奖励你们，今年学校特地挑选了一些最聪明的学生给你们教。记住，这些学生的智商比同龄的孩子都要高。"校长再三叮咛："要像平常一样教他们，不要让孩子或家长知道他们是被特意挑选出来的。"

这两位教师非常高兴，更加努力教学了。

一年之后，这两个班级的学生成绩是全校中最优秀的。知道结果后，校长如实地告诉两位教师真相：他们所教的这些学生智商并不比别的学生高。这两位教师哪里会料到事情是这样的，只得庆幸是自己教得好了。

随后，校长又告诉他们另一个真相：他们两个也不是本校最好的教师，而是在所有教师中随机抽选出来的。

这两位教师相信自己是全校最好的老师，相信他们的学生是全校最好的学生，正是这种积极的心理暗示，才使教师和学生都产生了一种努力改变自我、完善自我的进步动力。这种企盼将美好的愿望变成现实的心理，这就是心理暗示的作用。

心理暗示是我们日常生活中最常见的心理现象，它是人或环境以非常自然的方式向个体发出信息，个体无意中接受这种信息并做出相应的反应的一种心理现象。暗示有着不可抗拒和不可思议的巨大力量。

"勇气是在偶然的机会中激发出来的。"莎士比亚说。除非你让自己时刻保持一种接受勇气的态度，否则，你不要指望自己的身上会时时刻刻体现出巨大的勇气。在就寝前的每个夜晚，在起床时的每个清晨，你都要对自己说"我会做到的，我能行"，并以此作为自己坚定的信条，然后充满自信地勇敢前进。

美国的布鲁金斯学会多年来以培养世界上最杰出的推销员著称于世。该学会有一个传统，那就是每期学员毕业时，会给他们出一道最能体现推销员实战能力的实习题。

在尼克松当政时期，曾经有一位学员成功地把一台微型录音机卖给了尼克松总统。为了奖励他，学会赠给了他一只刻有"最伟大的推销员"的金靴子。但是在接下来的26年时间里，却再也没有人能够获此殊荣。

最有意思的是，在克林顿当政时期，学会居然给学员们出了这样一道难题：请把一条三角裤推销给现任总统。后来克林顿卸任，布什走马上任，学会的实习题也有所改变：请把一把斧子推销给布什总统。

由于之前26年时间里无数前辈都无功而返，许多学员都放弃了角逐金靴奖的机会。他们抱怨说，这个任务并不比推销三角裤简单，因为现任总统根本不需要斧头，即使需要也用不着亲自购买。

直到2001年，一位名叫乔治·赫伯特的推销员的出现，才再次打破了这一推销极限。然而，用乔治·赫伯特自己的话说，他却没花多少工夫。他说："我认为把一把斧子推销给布什总统是完全有可能的，因为总统在得克萨斯州有一个农场，里面有许多树。于是我给他写了一封信，信中说：'总统先生，有一次我有幸参观了你的农场，发现里面长着许多大树，有些已经枯死了。我想您一定需要一把斧头。眼下我这里正好有一把非常适合砍伐枯树的斧头，如果您有兴趣的话，请按这封信上的地址给予回复。'后来，他就给我汇来了买斧头的钱。"

曾经有记者这样问过布鲁金斯学会的负责人：26年的时间里，学会培养了数以万计的推销员，也造就了数以百计的百万富翁。难道说他们的能力真的不如乔治·赫伯特吗？为什么不把金靴奖发给他们？换言之，布鲁金斯学会不公平。对此，该负责人回答道："这只金靴子之所以没有授予其他的学员，是因为我们一直想寻找这么一个人，这个人不因有人说某一目标不能实现就放弃，不因某件事情难以办到而失去自信。"

在乔治·赫伯特成功之前，布鲁金斯学会的每一个会员都有机会赢得金靴奖，这就是公平！当乔治·赫伯特将那把斧头成功地推销给布什总统后，他就赢得了金靴奖，这也是公平！与此同时，他的成功有力地证明了这样一个哲理：很多我们自认为难以做到的事情，并不见得真的难以做到；而是因为我们失去了自信和积极的进取心，有些事情才愈发显得难以做到。人类的通病，就是轻而易举地将某些事情用"不可能"简单化，这也是成功路上的最大障碍，只有打破这种精神牢笼，才能真正地把对梦想的憧憬化为奋斗的动力，才有可能取得成功。

每天对着镜子说一声："我能行"，每天多给自己一些积极的心理暗示。本着上天所赐予我们的最伟大的馈赠，积极暗示自己，你便开始了成功的旅程。

生活中，我们可以有意识地进行积极的自我暗示，并将这种积极的思想和意识，洒到潜意识的土壤里，让我们遇到事情全力拼搏，有一种不达目的不罢休的态度。这样，你很可能就是下一个杰出者。

● 不要活在别人的眼光中

　　其实在乎别人怎么看的人是十分虚弱的人，真正强大的人根本就不在乎。爱因斯坦在没有出名的时候，经常穿得很是简陋地在街上走。一个好心的朋友看见了，提醒他说："你怎么能穿成这个样子在大街上走呢？也不怕别人笑话。"爱因斯坦笑了笑说："现在大家都不认识我，我怕什么？"后来爱因斯坦出名了，但是他的这个习惯还是没有改变，他的朋友再次提醒他说："你现在已经出名了，不能穿成这个样子走在大街上。"爱因斯坦听了以后，又笑着回答："现在大家都认识我，我怕什么？"其实爱因斯坦完全不是因为别人认识或者不认识他，只不过他不在乎而已。人只能因为自己的知识匮乏而羞愧，怎么能因为自己穿得寒酸而无地自容呢？

　　其实一个人该是什么样的，就是什么样的，不会因为别人的眼光而在本质上有所改变。

人要明白自己的谁？这是个最基本的命题。做到这点还不够，人还必须明白对自己来说，自己是谁也取代不了的。

人千万不要活在别人的眼光中，要把自己看得重要起来。

● 给自己留一条退路

学会给自己留一条退路。破釜沉舟、背水一战不是适合所有的事情。

一定要给自己留一条后路。在很年轻的时候就要养成一个好的习惯，说话不要太满，太满的话容易被别人抓住口实；行动不要过激，过激的行动容易招来最彻底的抵制。

同时，给自己留一条后路还有一个充分的理由：这就是你永远都不知道你会成就多大的事业。范蠡帮助越王勾践复仇复国后，及时功成身退去经商，又成为十分富有的人，被誉为商圣，千古流传。倘若他当年身退之后，只是退隐山林，那么他帮助越王勾践的战功可能也不会广泛流传。正是因为他身退后还在继续做事，结果他又有了事业的第二个春天，而且更加凸显了当初的战功。

现在所做的事情不是生命的全部。一个人的生命中还应该有很多更有意义的东西，如果一件事情成了生命的全部，那么这样的生命是可悲的。给自己留一条退路，留一些心情去体验生活，是再好不过的选择。

给自己留一条退路，还在于保守秘密和不逞口舌之利。

人长了两个耳朵，而只长一个嘴巴。这是说人要学会多听，而少说。但即使只长一个嘴巴，仍然有很多人在嘴巴上出了问题。

嘴巴有两大弱点，第一个弱点是信口开河，不但是夸大，而且是毫无顾忌，丝毫没有保密的观念；第二个弱点是逞口舌之利。事以密成，语以泄败，在事情没有做成之前一定要学会保守秘密。

如果真有什么不愿意公开的秘密，那就不要将你的秘密随便说出，为了自己好，也为了你所要告诉的人好。因为你一旦说出了，你又得用花心思去提防一个人。

在与人交往的时候千万不要逞口舌之利。会说话的人很多，但是只有耍小聪明的人才逞口舌之利。

人们往往喜欢表达自己的想法，但是千万不能为了表达自己的想法而去逞口舌之利，在口舌上压抑别人。其实很多人夸奖自己很会说话，这并不是什么好事。真正有大智慧的人很少啰啰嗦嗦，喋喋不休的。

● 悦纳真实的自己

在这个世界上，根本就没有两片完全相同的树叶，生活中的每个人都是独一无二的。你是蔷薇，就不要强求自己成为玫瑰；你是麻雀，就不要强求自己成为鸿雁。保持自我，不盲目仿效，是人生成功的前提条件。别人的人生与自己的人生，自然是不同的，自己的人生掌握在自己的手中，是"成功的传奇"还是"人生的悲剧"全在于你自己，而任何委曲求全或者是装模作样，都会让我们不能真正触及事情的本质，或者只能流于俗套而失败。

很多人在模仿比尔·盖茨，可又有谁能以他的方式站在世界的巅峰呢？很多人在模仿卓别林，可又有谁能以他的方式为众人皆知呢？很多人在模仿杰克逊，可又有谁能上演他那经典的太空舞步呢……没有，这些都没有！每个人都可以用自己独特的方式去成就独一无二的自己。如果你总是想去模仿别人的成功模式，那你注定会成为模仿的牺牲品。

三毛曾说过这么一句话："一个不会悦纳自己的人，是难以快乐的。"细细品来，这话确有深刻的哲理，每个人都有其独特性，都是唯一的，同时也都是尊贵的。不论它是什么，都得接纳它，因为那毕竟是你自己。人只有悦纳自己，才会有尊严，才会有快乐。当我们懂得悦纳自己的时候，才会真正喜欢、珍惜自己的生命。

这是一位作家的生活札记——

2009年，我随家人在德国慕尼黑生活了一年，此间我参加了一个德语学习班，班上12位同学来自不同的国家，老师为了让大家彼此熟悉便于交流，每次上课都会留出时间让每个人做自我介绍。这天，一个女人一开口就吸引了大家，她说："我叫玛莉娅，来自塞尔维亚。1999年科索沃战争，我的父母双双被炸弹击中身亡。在我婚后的第十个年头，我的丈夫对我说，'玛莉娅，你煮的咖啡很难喝。'他和一个法国女人走了。塞尔维亚经济不景气，我失业了。上帝啊，这个女人变得一无所有。上帝却说，悲观的女人才会变得一无所有！于是，我来到慕尼黑，在一家咖啡店找到了工作，我煮的咖啡棒极了。我爱死我自己了！"

玛莉娅的话让回国的我至今难忘，悦纳自己，善待自己，哪怕生活平淡、哪怕处境艰难，心里也会淌过清澈的河流，撒满温暖的阳光。

　　这个早春，我和我的同事寻访了身边的8位女性，她们"爱自己、爱家人，爱生活、爱工作"的生活理念，更是让我心头为之一震。快乐与希望，不只在于努力的人，更在于那些敢于悦纳自己的人。

　　人生之旅对我们每一个人来说，都不一定是那么宽阔、平坦、绚丽多彩的，它不仅坎坷崎岖，而且荆棘丛生，甚至还有难以排除的纷争、改变不了的世俗、无法逾越的障碍。因此，你必须学会悦纳自己。当你悦纳了你自己，你自然就看到了希望，也就获得了救助的机会。

　　当然，悦纳自己绝不是孤芳自赏，亦不是无原则地原谅自己的过错。孤芳自赏往往会酿造清高自傲的苦酒，成为醉生梦死沉沦于世的行尸走肉，远离群体的孤雁，飘离港湾的孤舟，不但不能取一"悦"，反而平添千般愁；而无原则地原谅自己的过错等于放纵自我、毁灭自我，是对自己的一种犯罪。所以说，"悦纳自己"的含义其实就是尊重自我、欣赏独一无二的自己。

/ 第 四 章 /

战胜你自己,
把命运握在自己手上

● 努力把好运握在自己手里

有这样一个故事：一个人一生都在为别人盖房子，他的工作很辛苦也很枯燥，但他每天都做得很认。终于有一天，老板对他说，你已经努力工作了几十年，再盖最后一幢房子就可以休息了。于是，满心欢喜的他倾其所能盖了一幢最漂亮的房子，而这正是老板对他勤奋一生的奖励。

一直觉得，为一些或近或远的目标而持之以恒地努力着，是痛并幸福的事。有时不是你不幸，而是你没有准备好；有时不是你幸运，而是你抓住并延续了那些好机会。也就是说，好运气不会凭空而来。

一位长者讲过这么一个故事：某知名企业登报招聘会计，次日，应征的履历表就如雪片般的飞来。结果，经过面试而被录用的女孩，才貌普通，表面上看起来，实在找不出有什么特别过人之处，她能击败其他数十位对手，实在令人大感意外。

公司中的干部人员，都说她一定是被幸运之神给眷顾了，若是根据往例判断，凭她的条件，根本不可能被录用。

在她任职两年后，总经理的专任秘书突然发生车祸，严重的伤势在短期内无法复原，而接手人选竟然又是她，幸运的说法再次传遍公司上下，真是羡煞了众人。

而幸运的事，还不仅止于此；由于公司与许多外商策略连盟，经常会和外国公司的高级主管接触，这其中有一名华侨，平时最喜欢下西洋棋，刚巧公司中只有她会下西洋棋，于是，二人在棋海中渐渐滋生情愫，最后缔结良缘，写下了一则现代灰姑娘的故事。

后来，有人实在弄不懂幸运之神为何总是眷顾她，好运气怎么总是在她的手里，便忍不住问了她。

她说：没你们说得那么玄，其实很简单。当初，要去公司应征的那一天，我没有睡过头，我在公司的人员还没有开始上班前就去公司门口等待了。我不知道公司担任面试的主管是谁，但我想，我可以在面试之前和陆续到公司上班的所有员工们打声亲切的招呼，而这里面一定也有主管人员在内，这样，我便能让他们建立起对我的好印象。我接到面试通知后，距离正式面试还有三天，我猜想，其它人大概只会抱持着等待的心情，但我却利用这段时间，去查阅公司的资料，包括成立背景、经营团队、产品走向、财务状况、市场布局以及历史新闻等等，并作充分的了解，如此一来，当别人还在关心自己的工作权益时，我已经作好了随时可以上班的准备，自然能提高我被录用的机会。至于，我为什么能以最浅的资历去接任秘书的职位，那是因为，我花了很多的心力，去观察、记录公司中每一个重要人物的工作态度和工作流程。我知道前任秘书每天早上会替总经理泡一杯摩卡咖啡，加两块糖和一匙鲜奶油；到了下午三点，换成泡熏衣草茶，不加糖，但要放一片薄荷叶，而熏衣草茶包一定要是英国原装进口的才行。如果总经理情绪不好，递上一条冰毛巾是绝对不能稍有迟缓的。有几次前任秘书忽然请假，在那几天里，这些事情是谁帮总经理做的，我想我不必再多说了吧！

至于我是怎么认识我老公的，其实我之前并不会下任何棋。当我老公第一次来台湾的时候，我注意到他闲时总是一个人在下西洋棋，引发了我好奇和学习的兴趣。于是，当他第二次来台湾的时候，我已经将西洋棋学得很不错了。在下过几次棋之后，我们变成了好朋友，不过，当时的我，实在不敢对他存有任何男女感情的妄想，如果说，这整个过程中有属于你们所谓的幸运的部份，大概就是指他对我的爱了。但我也必须说，我的幸运来自于我的努力和我的用心，当我愈努力愈用心，也就愈幸运。

这个故事简直是一篇绝妙的"幸运"解说词！如今的人们，经常会抱怨自己不够幸运，却从来不懂得去探讨幸运发生的原因。其实，没有什么人天生就是幸运的，幸运要靠自己去争取，去经营。我们不应该再抱怨自己不够幸运了，应回头想一想，是不是自己还努力不够？或者流的汗太少，用的心太浅？如果你都做到了，好运气就自然会被你握在手中。

● 你尽最大的努力了吗？

生活中，经常听到一些人叹息："我觉得这件事已经努力了，可就是……"好像做任何事情都是轻而易举的事，只要稍费一点劲，幸运成功就应该属于他似的。诚然，努力是做好事情的前提，但努力也有个程度问题。许多的时候，你不作最大的努力就不能获得成功。有时，你尽管做了最大的努力，也不一定幸运！那么，你尽最大的努力了吗？

在很小的时候，我就读过一个小故事：爱因斯坦上小学时，有一次老师布置作业，让每一个人做一件工艺品，结果，爱因斯坦交了一个十分笨拙的小板凳，老师很不满意，爱因斯坦却坦然表示，他已尽了最大努力，这是他第三次做的，比前三次强多了。

年幼时只觉得这个故事有趣，长大后却生出许多感悟，生活中，有些人成就卓著，令人佩服，有些却庸庸碌碌，虚度一生，决定他们成功的，往往不是外部条件，也不是自身才能，而是能否像爱因斯一样，尽自己最大努力。

细想一下，"你尽最大努力了吗"这句话确实不无道理。俗话说得好，"天不负人"，你付出多少，便会得到多少。因此，不要埋怨生活，不要哀叹命运，你尽了最大的努力，生活就会给你以最丰厚的回报！请问，你尽最大努力了吗？

著名电视节目主持人靳羽西女士曾说："成功的秘密，是工作比别人多一倍，看书比别人多一倍，如果你真的想每日过着高质量的生活，并进行较为系统的实践，天底下找不出你不能成功的理由。"

记得在大学期间还读过这样一篇文章：

1987年夏天，在北京，一个天阴得特别厉害的傍晚，狂风夹着大雨从天边袭来，顷刻间，地上便形成了无数条小河。一位三十多岁的女士正站在自家的窗前，眼睛看着窗外，神情很是犹豫。

她在想：还去不去夜大上课？这么恶劣的天气，老师和同学还会来上课吗？她拿不准。那时，电话还不普及，无法得知确切的消息。考虑了片刻，女士决定还是去上课。而到学校要穿过五条街。为了对付狂风暴雨，她不仅穿上了雨衣，还撑开了一把伞。有了双重保险，她一低头冲出屋门。可是刚出门，伞就被风劈开撕成碎片，刮得没了踪影。身上的雨衣在狂风的强力作用下，一会鼓胀如帆，她好像要被吹上天，一会又紧紧地将她拧成一束，雨鞭子似的抽在身上，生疼生疼的。这给她行走带来了巨大的困难。她没有退缩，索性脱下了雨衣，一路上近乎连滚带爬地赶到了学校。

看着落汤鸡似的女士，值班的老师急忙把她让进屋内，感叹地说："你是唯一来上课的学生啊！"那一刻，女士感到非常沮丧、委屈和绝望。自己冒着狂风暴雨，吃尽苦头来了，却是白跑一趟！望着窗外瀑布般的暴雨，女士叹道："我是一个大傻瓜！"这时值班的老师笑着说："怎么会是傻瓜呢？你将来会有大出息的。"女士不解，疑惑地望着老师。老师又缓缓地说："几百名学生，只有你一个人来了……暴风雨是一个筛子，胆子小的，思前想后的，都被它筛了下去，留下了最有胆识和最不怕吃苦的人。"这位老师的话给了女士很大的鼓励和自信。那一瞬，好似空中打了一个闪电，她的心被照得雪亮。

十几年后，这位女士成了文坛上一颗耀眼的明星。她回忆说："也许我不是学生当中最聪明的，但那晚的暴雨，让我知道了，我是学生中最有胆识和毅力的。从那以后，我就多了自信，一步步有了今天的成功。"

她就是著名的女作家——毕淑敏。虽然当时毕淑敏还不完全清楚为什么自己会做那样的"傻事"，其实她竭尽全力去做的时候，就注定了她美好的未来。

　　无独有偶，1965年，在美国西雅图景岭学校的图书馆，图书管理员一直很头疼那些被读者放错位置的杂乱图书，那些图书有几十万册，而且都需要整理。有一个普通的男孩，被老师推荐到学校图书馆去帮助管理员整理图书。但是看着眼前瘦小的男孩，管理员不相信他能做好这项工作，但管理员还是先给男孩讲了图书的分类，然后让他将读者放错位置的图书找出来并放回原处。小男孩欣然接受了工作，每个星期天，这个四年级的小男孩都准时地来整理图书。他像侦探一样，在书架的迷宫里穿来插去，寻找一本本放错位置的图书，然后将它们送回原处。不久，当管理员检查图书时，惊讶地发现，所有的图书都分门别类地整理好了，整整齐齐地待在它们该在的位置上。管理员问小男孩是如何办到的，小男孩自豪地说："我尽了我最大的努力。"

　　现在，这个男孩早已成为世界首富。他就是微软公司总裁——比尔·盖茨。

　　这就是竭尽全力做事的结果。在许多杰出人物的身上，总有优于或异于常人之处，但无疑他们都拥有一个共同点：无论要做的事情多么困难重重和希望渺茫，他们都会竭尽全力去做，而这就是幸运和成功的开始。

● 你坚持到最后了吗？

从前，有三只很不幸的青蛙同时摔到了一个牛奶桶里。

第一只青蛙在桶里游了一圈，发现根本没有出路，就放松四肢，等待死亡。

第二只青蛙在桶里游了两圈，发现找不到出路，在桶中呱呱大叫，希望有人来救援。

第三只青蛙在桶里游了三圈，发现没有出路，它又潜入桶底，发现也没有出路，但是它发现桶是倾斜的，于是在较低的那一面拼命地跳跃。跳了又跳，跳了再跳，一跳再跳，它终于踩到了一小块凝结的乳酪，最后一跃，它成功地跳出了牛奶桶。

可以这样说，第一只青蛙经不起任何挫折，一遭遇困难就丧失了斗志，永远不会成功；第二只青蛙虽然求生的能力不强，但它至少还懂得"呱呱大叫"，也许还有一点希望；最聪明的要算是第三只青蛙了，它不畏逆境，在逆境里不气馁，不轻易放弃生命，坚信自己能成功，并不停地努力奋斗，最终获得成功。它靠的是什么？靠的就是坚持不懈！

是的，人处逆境在所难免，只要坚持不懈，总会看到希望的春天。像第三只青蛙一样通过自己的拚搏，最终突破逆境的事例很多，下面这位拳击手就是很典型的一例：

上个世纪70年代，是世界重量级拳击史上英雄辈出的年代，4年来未登上拳台的拳王阿里，此时体重已超过正常体重20多磅，速度和耐力也已大不如前，医生给他的运动生涯判了死刑。然而，阿里坚信精神才是拳击手比赛的支柱，他凭着顽强的毅力重返拳台。

1975年9月30日，当33岁的阿里与另一拳坛猛将弗雷泽第三次较量（前两次一胜一负）在进行到第14回合时，阿里已精疲力竭，濒临崩溃的边缘，这个时候一片羽毛落在他身上也能让他轰然倒地，他几乎再无丝毫力气迎战第15回合了。然而他拼着性命坚持着，不肯放弃。

他心里清楚，对方和自己一样，也是只有出的气了，比到这个地步，与其说在比气力，不如说在比毅力，就看谁能比对方多坚持一会儿了。他知道，此时如果在精神上压倒对方，就有胜出的可能。

于是，他竭力保持着坚毅的表情和誓不低头的气势，双目如电，令弗雷泽不寒而栗，以为阿里仍存着体力。这时，阿里的教练邓迪敏锐地发现弗雷泽已有放弃的意思，他将此信息传达给阿里，并鼓励阿里再坚持一下。阿里精神一振，更加顽强地坚持着。果然，弗雷泽表示俯首称臣，甘拜下风。裁判当即高举起阿里的臂膀，宣布阿里获胜。这时，保住了拳王称号的阿里还未走到台中央便眼前漆黑，双腿无力地跪在了地上。弗雷泽见此情景，如遭雷击，他追悔莫及，并为此抱憾终生。

在最艰难，也是最关键的时刻，阿里坚持到胜利的钟声敲响的那一刻，成就了他辉煌人生中的又一个传奇。

人生就是如此，任何通向成功的道路都布满了荆棘，允满了数不清的艰难与困苦，辛酸与煎熬。在奋斗的征程上，有的人只走了几步便回头了，成为一个哀怨忧愤的小人物，湮没在茫茫人海中；有的人走得稍远一点，但是也未能坚持下来，因为多次的失败令他焦头烂额，心力交瘁，于是打了退堂鼓；有的人走得更远一些，他甚至走到了离成功只差很小一步的地方，正如拳台上与阿里对峙的弗雷泽一样。而此时必定是一个人一生中最关键的时刻，这个时候，就全凭一股不甘失败不愿放弃的超强意志来继续向前走了。如果你想要建功立业的豪情没有退却，激情也没磨光，热情也没消解，气力也就不可能全部耗尽，只要坚持就有可能看到胜利的曙光。但有许多人偏偏在最不该放弃的时刻，信念轰然倒塌，意志全线崩溃，相信了错觉，以为自己不可能成功，于是便投降了、放弃了，结果前功尽弃，本来唾手可得的成功便真的不属于自己了。等到某个时候，他忽然猛醒：原来自己曾经离成功那么近，近得只隔了0.1微米，只要再坚持一下，哪怕一个瞬间，自己就是人皆向往的成功者了，然而遗憾的是，现在成功已经属于别人了，属于意志比自己更坚定的强者，留给自己的只有无尽的悔恨。

丘吉尔说过这样一句话：成功的秘诀就是：坚持坚持再坚持！世上所有的成功，都产生于再坚持一下的努力之中。

坚持是成功的良好品质之一，任何时候你都要问问：你坚持到最后了吗？

● 战胜自己，就能战胜一切

从我们来到这个世界的第一天起，我们就开始和这个世界发生联系，和生活在这个世界上的人产生交集。一些人给你带来温暖，让你感受到爱的甜蜜，而一些人则会带给你伤害，让你感受到生命不能承受之重。对于那些伤害了我们的人，我们会把他当成对手，当成敌人，拉入黑名单。我们会长时间关注这个伤害了我们的人，总想让他也受到伤害，让他也尝尝那些撕心裂肺的痛苦。甚至于我们会穷其一生来恨一个人，来对付一个人。以为那个人就是我们今生的敌人、对手。其实，在人的一生中，我们最大的敌人并不是那些给了我们伤害，站在我们对立面的人，而是我们自己。一个人如果能够战胜自己，就能够战胜其他的一切。

在每个人的心里，都住着两个我。一个是天使：善良、有同情心，勤奋，努力，具备一个好人的一切特质；另一个是恶魔：

嫉妒，懒惰，冷漠，是一个彻头彻尾的坏人。在我们的一生中，我们要不停和自己心里的贪嗔痴作战，和心里的一切妄念作战。当你想工作的时候，心里的恶魔就会告诉你：着什么急呢，等会再做吧。如果你屈服于心里恶魔的召唤，就会浪费很多美好的时光。该努力的时候没有努力，该奋斗的时候没有奋斗。等到有一天老去的时候，你再回头看看，会发现你这一生都是在浑浑噩噩中度过的，什么成就都没有。那个时候，你一定会觉得遗憾，遗憾年轻的时候没有好好努力，遗憾那些美好的时光被白白浪费了。

生活在俗世中，每一个人都有七情六欲。我们知道学习需勤强，可有时也会忍不住软弱；我们明白知足常乐的道理，可有时候也会想要更多。当我们懒惰的时候，嫉妒的时候，软弱的时候，贪婪的时候，就是我们心里的恶魔抬头的时候。如果这个恶魔在我们心里一直占上风，那么，你的一生就会被负面的情绪所牵制，注定碌碌无为。我们只有战胜心里的恶魔，才能开创美好的人生。

纵观古今历史，哪一个取得重大成功的人不是拥有极强的自控能力，能够忍辱负重，战胜自己的缺点？能够战胜自己，才能取得成功，才能成为最闪亮的那颗星，在历史的长河中熠熠生辉。

小李过五关斩六将，好不容易考上了公务员。然而，当他成为公务员之后，他却发现这样安逸的生活并不是他想要的，他想出来自己创业，可是他又担心如果创业不成功，那该怎么办？走还是留？他为此事辗转反侧思前想后犹豫不决。迷茫中他突然想到大学时候的一位导师，于是小李就去向这位导师请教。导师听小李讲了自己的想法之后，只微微一笑，说："这样吧，我给你讲个故事，你听了之后，再做决定。"于是导师讲了下面的故事：

从前，有一位老人，靠打猎为生。有一次，他像往常一样进山打猎，回来的时候，带回一只怪鸟给小孙子玩耍。这只怪鸟越长越大，最后竟长成了一只翱翔天际的雄鹰。老人觉得，雄鹰应该属于广阔的天空，养在家里会辜负那一双会飞翔的翅膀，于是，他决定把这只鹰放了，让它回归应该属于它的地方。然而，这只鹰眷恋着自己从小长大的家园，老人用了很多办法，都没能将这只鹰送走。

最后，老人狠一狠心，将鹰带到附近一个最陡峭的悬崖绝壁旁，将鹰狠狠地向悬崖下的深涧扔去。在老人撒手的刹那，那只鹰如石头般往下直坠，眼看就要到涧底了，这只鹰轻轻展开双翅，稳稳托住了身体，开始缓缓滑翔，然后它只轻轻拍了拍翅膀，就飞向蔚蓝的天空。它越飞越高，越飞越远，再也没有回来。

小李听完这个故事以后，沉默了好一会儿，然后告别导师，回家去了。一个月之后，小李的新公司开业了，在经过一番努力打拼之后，小李成了当地最有名的企业家。

有些时候，不给自己留后路，破釜沉舟，背水一战，反而会取得成功。就看你有没有这个魄力，具不具备这个勇气。战胜别人容易，战胜自己困难，因为很多时候，我们对自己总是很宽容。

我们容忍自己的贪婪、懒惰、嫉妒，容忍自己的坏脾气，容忍自己的软弱和冷漠。失败的时候，我们能够找个千百个理由来为自己开脱，我们常常用挑剔的眼光看别人，用宽容的眼光看待自己。失败了，就说是因为别人的干破坏干扰，其实很多时候，我们并不是败给别人，而是败给了自己。只有战胜了自己，才能战胜外界的一切。一个人强大到能够打败自己，还有什么事情做不到呢？

● 君子必慎其独也

所谓慎独，是指一个人在单独活动、无人临督的情况下，仍然能够坚持正确的人格信念，自觉按正确的道德原则去行动，不做任何坏事。某杂志上登过这样一篇短文，说有一个老木匠，总是用带着老茧的手掌把木箱里边也打磨得光光溜溜，从不偷工。徒弟笑他："别人看不见，何必这么傻费力。"师傅说："我自己心里知道。"是的，即使没有人在身边监督，也要认认真真对待每一件事，因为"我自己心里知道"。

《中庸》说："莫见乎隐，莫显乎微，故君子慎其独也。"《大学》则强调："君子必慎其独也。"古语说："不自重者取辱，不自畏者招祸，不自满者受益，不自是者博闻。"它们讲的都是一个"独行不愧影，独寝不愧衾"的慎独问题。

慎独，就是强调不管有无人知，都要一丝不苟地按照道德规范做人做事，绝不因"不为人知"而干不该干之事，也不因"以为人知"而做表面文章。

注重慎独意味着要自重、自省、自警、自励。自重，就是尊重国格、人格，珍惜名誉，注意言行，切实把公共权力用来为公众服务，而不用来谋私；自省，就是要时常反思自己的行为，检点自己的作风；自警，就是经常警示和告诫自己，使自己的道德行为始终不渝道德规范；自励，就是要时常激励自己，培养浩然正气，抵御歪风邪气。否则，如果明一套，暗一套，说一套，做一套，以权谋私，那下场将会是可悲的。

慎独是一种情操，慎独是一种修养，慎独是一种自律，慎独是一种境界，也是一种自我的挑战与监督。

"吾日三省吾身"，即是慎独的功夫。三省其身，即面对自己，澄清自己的内部生命，纯粹是为己之学。鲁迅曾说："我的确时时解剖别人，然而更多的和更无情的是解剖我自己"。曾国藩认为，践行慎独先要"降服自心"，也就是征服自己，也就是《大学》里所说的"正心""诚意"，用功的方法就是"慎独"。

慎独虽然是古人提出来的，但并没有因时代的更迭变迁而失去现实意义，是因为它是悬挂在你心头的警钟，是阻止你陷进深渊的一道屏障，是提升你自身修养走向完美的一座殿堂。所谓"举头三尺有神明"，或"若要人不知，除非己莫为"，都是在鼓励与鞭策人们慎独。

／ 第 五 章 ／

取悦你自己，
在不一样中感受快乐

● 决定快乐的钥匙，在自己手中

有一个人一直管不好自己的钥匙，经常不是弄丢了，就是忘了带，要不就是反锁在门里。后来他想老是撬开门也不是个办法，所以配钥匙时便多配了一把，放在隔壁邻居家。他以为这下可以无忧无虑了。没想到有一天他又忘了带钥匙，恰好隔壁的人也都出去办事了，于是他又吃了闭门羹。后来，他干脆又在另一边邻居那里也放了钥匙。当他在外边存放的钥匙越多，他对自己的钥匙也就管理得越松懈，为保险起见，他干脆在所有可以拜托的邻居家都存放了钥匙，但最后就变成——有时候，他的家所有的人都进得去，却只有他进不去，因为所有的人手中都有他家的钥匙。

他家的那扇门锁住的，其实就只有他自己而已。

以上这个故事，很耐人寻味。在现实生活中放弃自己的权利，让别人来决定自己生活的人实在不少。他们把自己求学、择业、婚姻……所有的问题统统托付给他人，失去了自我追求、自我信仰，也就失去了自由，最后变成了一个毫无价值的人。人生最大的损失，莫过于失掉了自我的乐趣。

另外还有一个故事。有一位年轻的画家把自己的一幅佳作送到画廊里展出，他别出心裁地放了一支笔，并附言："观赏者如果认为这画有欠佳之处，请在画上作上记号。"结果画面上标满了记号，几乎没有一处不被指责。这位画家的心情很糟糕。他找到了他的老师，把自己的遭遇告诉老师。老师叫他画了张同样的画拿去展示，不过这次附言与上次不同，请每位观赏者将他们最为欣赏的地方都标上记号。结果，画面上

又被涂满了记号，原先被指责的地方，却都换上了赞美的标记。

年轻的画家这次并没有狂喜。因为他明白了一个道理：自己的情绪不应该由别人来操纵。

专栏作家哈理斯和朋友在报摊上买报纸，朋友礼貌地对报贩说了声谢谢，但报贩却冷口冷眼，没发一言。

"这家伙态度很差，是不是？"他们继续前行时，哈理斯问道。"他每天晚上都是这样的。"朋友说。"那么你为什么还是对他那么客气？"哈理斯再问。朋友答："为什么我要让他决定我的行为？"

每个人心中都有把"快乐的钥匙"，但我们却常在不知不觉

中把它交给别人掌管。

一位女士抱怨道："我活得很不快乐，因为先生常出差不在家。"它把快乐的钥匙放在先生手里。

一位妈妈说："我的孩子不听话，让我很生气！"她把钥匙交在孩子手中。

男人可能说："上司不赏识我，所以我情绪低落。"这把快乐的钥匙又被塞在老板手里。

婆婆说："我的媳妇不孝顺，我真命苦！"

这些人都做了相同的决定，就是让别人来控制自己的心情。

当我们容许别人掌控我们的情绪时，我们便觉得自己是受害者，于是抱怨与愤怒成为我们唯一的选择。我们开始怪罪他人，并且传达一个信息："我这样痛苦，都是你造成的，你要为我的痛苦负责！"

这样的人使别人不喜欢接近，甚至望而生畏。

一个成熟的人能够握住自己快乐的钥匙，他不期望别人使他快乐，反而能将自己的快乐与幸福带给周围的人。

我们身处的地方，不论是环境、人、事、物，都很容易影响我们的情绪，可是千万别忘了，决定快乐的钥匙，只在你自己手中！

● 为自己制造欢喜

当坎坷和挫折接踵而来，一次次落在你的自头时，你是不觉得自己是这个世界上最不幸的人？当你的生活屡遭磨难，你是否觉得忧愁总多于欢喜？其实，欢喜只是一份心情，一种感受，就看你如何去寻找。

实际上，那些唱着歌昂首阔步走路的人，那些怀着许多新的渴望去尝试生活的人，又有几个不负担着沉重的压力？只不过他们将自己的眼泪和悲伤掩藏起来，将欢喜的一面展现给别人，让人觉得他们生活无忧无虑，是世界上最快乐的人，而自己也从这种快乐中真正获得了一份心灵的轻松。

每次在街上游逛，途经一条条长长的街，那些卖瓜果、冷饮、蔬菜的小贩，有的大声地吆喝着；有的就靠在小树旁独自小憩；有的捧着一本书有滋有味地读着，全然没有忧郁和叹息。他们一定生活得比我们艰难和沉重。如果遇到坏天气，或许他们没有一分钱的收入；如果有什么意外，他们必须独自去承担。但是，即使住在低矮的、高价租来的房屋中，依然有喷香的佳肴经他们手变换出来，依然有快乐的歌声在小屋中飘荡——那就是对贫苦生活无言的抗争啊！

当外界种种困厄侵袭你薄薄的心襟，当你悲天悯人时，为什么不让自己给自己制造一份欢喜？

你可以看看云，望望山，散散步，写几首小诗，听一支激昂的歌，把忧伤留给过去。假如从这里所得到的快乐远不能使你摆脱生活的沉重，不妨在心里默默祈祷，并坚信你就是这个世界上最快乐的人。天长日久，一旦在心中形成了一个磁场，并逐渐强化它，尽心尽力去做好每件事，让自己从平凡的生活中得到丝丝欢喜，你真的就可以成为这个世界上最快乐的人。

自认为欢喜，并自得其乐，也是对平淡、无聊，甚至不如意的生活的一种积极抗争。一个人如果一味地沉湎于忧愁的心境，总觉得自己生活得比别人差，处处不顺心，怨天尤人，又怎么能够让自己的生活呈现五彩缤纷，又怎么去获得生活中的乐趣呢？尽管外界可以剥夺许多诱惑你的东西，让你身处逆境，让你免不了心绪沉闷，但是，如果你仍能积极地去创造生活乐趣，去体悟生活中的欢喜，还有什么能阻拦你前进的步伐呢？

客居异乡，每每觉得无聊苦闷时，就常常独自一人上街去看那些平凡的人世。忙忙碌碌的人群，新奇鲜艳的商品，绿树成荫的小道，嬉戏玩闹的孩童，随处可见的小贩。渐渐参透：每个生活在世上的人其实都不容易，但是也没有一个人就此止步不前——因为生活中的欢喜是要自己去寻找的。

人在顺境之中，可以乐观、愉快地生活；人在逆境中，也能乐观、愉快地生活吗？有的人能做到，有的人就不能。

宋代有位高僧，法号叫靓禅师。一次，靓禅师去施主家做佛事，路过一小溪，因前夜天降暴雨，溪水顿涨，加之靓禅师身体胖重，因而陷于溪流之中。他的徒弟连拖带拽，将其拽到岸上。靓禅师坐在乱石间，垂头如雨中鹤。不一会儿，他忽然大笑，指溪作词曰：

春天一夜雨滂沱，添得溪流意气多；

刚把山僧推倒却，不知到海后如何？

靓禅师在如此倒霉、尴尬的情况下，尚能开怀吟诗，真是糊涂到家了。但这种糊涂，又何尝不是一种超脱、一种自由、一种大欢喜？

要想在逆境中达观、愉快，除了让自己钝化对外界的负面感知之外，一个重要的方法就是换一个角度，站在另一个立场去看待自己所遇到的不幸，设法从中得到快乐。靓禅师陷于溪流之中，一般人认为他应该垂头丧气，自认倒霉而恨恨不已。而靓禅师偏不这样，而是以一种藐视的态度与溪水对话，并在对话的过程中，宽释了心怀，得到了乐趣，变烦恼为大笑，这是何等宽广的胸怀啊！

你能像靓禅师那样乐观地对待生活吗？如果不能，你就试着转变一下观念，记住：

你改变不了环境，但你可以改变自己；

你改变不了事实，但你可以改变态度；

你改变不了过去，但你可以改变现在；

你不能控制他人，但你可以掌握自己；

你不能预知明天，但你可以把握今天；

你不能样样顺利，但你可以事事尽心；

你不能左右天气，但你可以改变心情；

你不能选择容貌，但你可以展现笑容；

你不能决定生死，但你可以提高生命质量。

● 幸福是知道自己拥有了什么

"数数你拥有的东西……" ……

新发现生命的美好。"

有位先生听了，竟当面哭了起来，他告诉大师："我钱没了，老婆也跑了，我已一无所有，又哪来的幸福？"

大师柔声地问道："怎么会呢？你一定看得见吧？"

"当然！"他不解地抬起头来。

大师说："很好！所以你还有眼睛嘛！你也还听得见，也能说话。还有，从这些遭遇中，你有没有得到一些经验？"

"有。"

"所以，你怎么能说你一无所有呢？"

如果你心情沮丧，你可以常问问自己，有没有一个健全的身体？有没有关心我们的父母或伴侣？有没有爱我们且需要我们的孩子？有没有对未来的期待——一次假期，还是一场聚会？一次等待的邀约？一个期待的梦想……

不要为自己没有的事物去悲伤，要为自己已经拥有的一切去欢喜。多做"数数我们拥有的幸福"这个练习，想办法让自己沮丧的心情飞扬起来。

"数数你拥有的幸福"建立在一个很深刻的哲学思考上的，即：我们的生命价值究竟是什么。对这个问题的回答决定着我们对生活价值的判断和对生活的行动方向，当然也就决定着我们生活的心态。有的人把生命看作是占有，占有金钱，占有权力，占有财富，占有名利，占有……这样的生命，总是把人生的意义定在一个点上，当这个点实现后，就开始追逐下一个点。也许当他到达一个具体的点时，会有一瞬间的快乐，但很快就会被实现下一个点的焦虑所代替。在这样的人生中，人本身成为一种不断追逐目标的工具，而不是生活本身。所以，这种人的人生总是被忙碌、焦虑、紧张所充斥，争名夺利，患得患失，到死也没能放松地享受一下生命的美好。而有的人则把生命看作是上天给予的礼物，是一个打开、欣赏和分享这个礼物的过程。因此，这样的人坚信生命本身是快乐、是爱，无论处在什么样的环境中，即使是非常恶劣的环境中，他们也能泰然处之，就像是在迪斯尼乐园中那样，兴趣盎然地去寻找、发现、享受生命中的每一个乐趣。对于这样的人来说，重要的不是去拥有什么，因为他们知道已经拥有了一切；重要的是他们应该如何去生活，是不是真的理解了自己的生命价值。

美国心理学专家理查·卡尔森博士就看懂了对待生命不同的态度，要求我们"多去想想你已拥有什么而不是你想要什么"。他说："做了十几年的心理学顾问，我所见过的最普通、最具毁灭性的倾向，就是把焦点放在我们想要什么，而非我们拥有什么。不论我们多富有，似乎没有差别，我们还是在不断扩充我们的欲望购物单，但谁都难以确保我们满足的欲望。这种心理可能会说：'当这项欲望得到满足时，我就会快乐起来。'可是，一旦欲望得到满足之后，这项心理作用却又在不断地重复……如果么，仍然会感到不满足。如果我们如愿以偿得到我们想要的东西，就会在新的环境中重复我们的想法。所以，尽管如愿以偿了，我们还是不会快乐。"

卡尔森博士针对这个问题，提出了他的解决办法："幸好，还有一个方法可以得到快乐。那就是将我们的想法从我们想要什么转为我们已经拥有了什么。不要奢望你的另一半会换人，相反的，多去想想她的优点。不要抱怨你的薪水太低，要心存感激已经有一份工作可做。不要期望去国外度假，多想想自家附近有多好玩。可能性是无穷无尽的……当你把焦点放在你已拥有什么，而非你想要什么时，你反而会得到的更多。如果你把焦点放在另一半的优点上，她就会变得更可爱。如果你对自己的工作心存感激，而非怨声载道，你的工作表现会更好，更有效率，也就有可能会获得发展的机会。如果你享受了在自家附近的娱乐，就没必要等到去国外旅游时再享乐，你同样会得到很多的乐趣。由于你已经养成自得其乐的习惯，因此，如果你真的没有机会去国外旅游，你也并不会在意，反正你也已经拥有美好的人生了。"

最后，卡尔森博士建议道："给自己写一张纸条，开始多想想你已经拥有什么，少去想你还要什么。如果你能这么做，你的人生就会开始变得比以前更好。或许这是你这辈子第一次知道真正的满足是什么意思。"

人的幸福，与其说来自生活的厚馈，不如说来自于日常生活中的微利。

● 生活的甜美常常是简单的快乐

一群喜好喝茶的老人，闲来无事，定期相邀品茗话家常，大家的乐趣之一，是找出各式各样名贵的好茶，以满足口欲。

某次，轮到最年长的一位老人做东，他以隆重的茶道接待大家，茶叶是从一个高级昂贵的金色容器中取出来的，放在一只只价值非凡的杯子里，橙黄的茶水倒入其中，如同琼汁般美丽。人人对当天的茶赞不绝口，并要求其公开调配的秘方。

长者悠然自得地应道："各位茶友，你们如此赞赏的好茶，是我刚刚从杂货店买来的，是一般人所喝的最普通最便宜的茶叶。生活中最好的东西，往往是既不昂贵也不难获得的。"

雕塑家罗丹说："美是到处都有的，对于我们的眼睛，不是缺少美，而是缺少发现。"

历史学家维尔·杜兰特希望在知识中寻找快乐，却只找到幻灭；他在旅行中寻找快乐，却只找到疲倦；他在财富中寻找快乐，却只找到纷乱忧虑；他在写作中寻找快乐，却只找到身心疲惫。有一天，他看见一个女人坐在车里等人，怀中抱着一个熟睡的婴儿。一个男人从火车上走下来，走到那对母子身边，温柔地亲吻女人和她怀中的婴儿，小心翼翼地怕惊醒孩子。然后，这一家人开车走了，留下杜兰特深思地望着他们离去的方向。他猛然惊觉：快乐其实很简单，日常生活的一点一滴都蕴藏着快乐。

我们中的大多数人一生都不见得有机会可以赢得大奖，不说诺贝尔奖或奥斯卡奖，这类大奖总是留给少数精英分子，哪怕是买彩票也很难中上一个大奖。理论上来说，每个自由地区出生的孩子都有当上总统的机会，但是实际上我们大多数人都去失去这个机会。

不过我们都有机会得到生活的小奖。每一个人都有机会得到诸如一个拥抱，一个亲吻，或者只是一个亲人的真心赞许！生活中到处都有小小的喜悦，也许只是一杯冰茶，一碗热汤，或是一轮美丽的落日。更大一点的单纯乐趣也不是没有，生而自由的喜悦就够我们感激一生。这许许多多的点点滴滴都值得我们细细去品味、去咀嚼。也就是这些小小的快乐，让我们的生命更加甜美，更值得眷恋。

● 享受独处的生活优雅

当我们学会了优雅地生活时，就会有一种甜蜜、温柔的感受穿透全身，整个人都会轻松起来。在紧张、压抑的时候，享受一下必要的独处时光，是优雅生活的必要选择，如果长期没有独处去反省自己并自我充实，人可能会变得很烦躁。

很多人之所以在压力下还能够保持优雅的态度，那都要归功于他们能够经常很小心地护卫他们的自由和独处时间。请你学一下他们，从现在起，每天想尽办法抽出15分钟时间作为独处的开始，你会发现，15分钟的效果相当惊人。我们都需要一个独处的地方让自己完全放松。你可以找个让你觉得舒服的地方，甚至可以选择浴室、阳台，或是附近的公园、图书馆。好好度过你的独处时间，只有你发现了真实的自我，才能体会到自己真正活着。

　　独处，会让我们暂时卸除在与人接触时所戴的面具，让我们的心情恢复恬静自然。在事务繁忙、交通拥塞、交际频繁的现代社会，想偶尔拥有完全独处的机会，真有点如同钻石般的难得。

　　林白夫人曾说过："生活中重要的艺术在于学习如何独处。"

　　独处是将自己暂时与外界不重要的、肤浅的事物隔离，为的是寻觅内在的力量。这种内在的心灵力量将可以使我们的精力重新充沛，品格提升。一个人如果只是孤寂地隐退，而未发掘内在的力量，那么他的生活便不会达到最完善的境界。

　　每个时代的圣哲与天才，都能从孤寂中获得极丰富的灵感，每个人也都可以从短暂的孤寂中有所收获。不过，我们不必刻意为了争取独处的时刻，而让自己的行为显得怪僻偏颇。

　　其实，想要享受独处的时光，平时不妨独自在寂静的小道散一会儿步，或早晨早起一小时，独自欣赏破晓天明的绚丽景观，或在公园小椅上闲坐片刻，或骑车在郊区慢慢地兜风。生活再怎么忙碌，片刻的悠闲时光总是会有的，何不用这片刻的悠闲，给我们的心情放个假？

　　独处会让我们停下来好好分析自己的烦愁，然后想出办法加以驱除。

　　独处不是孤寂。假使你害怕孤寂，那么一定要小心检讨自己，因为那代表你的心灵出了毛病。

记住，要设法让思绪纷乱的自己停下来，腾出时间走进心灵深处，与真实的自己共处反省，也许你会产生一种惊喜，因为你碰到一个既好处又上进的知心朋友，那就是你自己！

● 人人都喜欢只能是一种美好的愿望

在我们的潜意识里，大概都希望自己是一个人见人爱的人。在这一点上，可以说我们还都是没有长大的中学生。对一群中学生提出这么一个问题来进行测验："什么是你最殷切的期望？"测验的结果，绝大多数的学生说，他们希望能成为大家所喜欢、得人心、受尊重的人。天下人人皆有此心。确实，谁不希望被别人想念着、关切着，甚至被爱慕着？

心理学家分析说，"人类本性上最深的企图之一，就是期望被钦佩、赞美、尊重。"渴望受人喜欢、受人尊敬，成为每个人喜爱结交的人，这是在我们内心中普遍存在的一种美好愿望。

不过，无论你能深孚众望到什么程度，要让每一个人都喜欢你，那是绝对不可能的。在人类的本性上有着这么一种怪癖，有一些人就是不喜欢某些东西。比如，在牛津大学的一个墙头，写着这么一首四行诗：

　　"我不爱你，费尔博士，

　　为什么？我也说不出理由来。

　　但是，这一点我很清楚，

　　我不爱你，费尔博士。"

　　这首诗殊为微妙，作者压根儿不喜欢的费尔博士却是一位很可亲近的人，如果作者对费尔博士认识或了解得更多点，他或许会喜欢他，偏偏那可怜的博士在这四行诗作者的眼里就是那么不得人心。这可能只是因为博士缺乏一种令作者亲近的和睦气质，这是很重要的气质，这气质决定着某一群体与这个人之间的亲近与否。

　　不要奢望自己成为"万人迷"。萝卜白菜，各有所爱，即使你是一个完美无缺的人，也无法保证人人都喜欢你，何况这世上并不存在完美的人。一些奢望成为"万人迷"的人，为了取悦不同的人而不断地委屈自己、迎合他人，结果在变来变去中迷失了自己。一旦丢失了自己本色的人，连得到旁人的尊重都难，谈何喜欢？

● 何必委曲求全

一个虔诚的信徒向大师请示开悟。大师叫他先建一座庙，信徒马上照办。庙盖好了，大师不满意，叫他拆掉重新盖。信徒照办了。大师仍不满意，叫他再拆掉重盖，信徒毫无怨言地照办了。如此反反复复，信徒盖好了第20座庙，大师又要他拆掉，信徒忍不住说："你自己去拆吧！大师！"

"现在你终于开悟了。"大师说。

有一位伟人曾经这样说："在超越某种限度之后，宽容便不再是美德。"

一点都没错。有些时候，之所以常把日子过得一团糟，就是因为我们容忍了太多次的"好"，而不懂得说一声"不"。

太忙于做好人，以至于找不出时间去做好事，这就是问题所在。这种人生也就是不完美的人生。

何必像头绵羊一样，处处迎合与迁就他人呢？多做一些利人之事固然是一种美德，但一味地迎合他人，而使自己委曲求全，未免也太自虐了些。明明内心不愿意，却为了顾及形象或面子死撑着而为，别人倒是高兴了，那你自己呢？

很多时候，适当的拒绝是一种理性，处处说"是"的人，最容易让"是"与愿违。因为你没有足够的精力与能力去让"是"兑现。

适当的拒绝还是一种呵护，处处说"是"的人，容易把自己生活交给别人去支配。生活主动权的丧失，意味着乐趣的丧失。

适当的拒绝更是一种力量，处处说"是"的人，其"是"并不显得珍贵。因为有"不"的存在，"是"才体现出它的价值。

在你不愿意说"是"时，请遵循内心的指引，勇敢地说出"不"字。

/ 第 六 章 /

检讨你自己，
有哪些是可以做到更好的

● 你遇事找借口吗？

大多数人在做一件事情不成功或者被批评的时候，总是会找种种借口告诉别人，因为他害怕承担错误，害怕被别人笑话，或者只是想得到暂时的轻松和自我解脱。

上班迟到了，可以说是因为堵车；工作干砸了，可以说是领导决策错误；客户不满意，可以说是对方过于苛刻；升不了职，可以说是领导偏心等。可以毫不夸张地说：借口就是一个掩饰弱点、推卸责任的"万能器"，有多少人把宝贵的时间和精力放在了如何寻找一个合适的借口上，而忘记了自己的职责和责任。更为可怕的是，借口常常还是一张敷衍别人、原谅自己的"挡箭牌"，容易扼杀人的创新精神，让人消极颓废。它更是一剂鸦片，让你一而再、再而三地去品尝它，逐渐地让你变得心虚、懒惰，遇到困难就退缩，最终丧失执行的能力。

尤其是在失败面前，许多人爱为自己找借口，说失败是因为别人扯了后腿、是因为没有人帮忙、是因为身体不适、甚至是因为时运不佳等等，一堆的借口无非是想告诉别人：自己的失败是可以原谅的。所以有人说，成功的人永远在寻找方法，失败的人不停地寻找借口。

其实人生就是这样，总会有这样和那样的不满意、失败，学会从失败中寻找教训，从失利中找到继续前进的因素才是真正的为人之道。

大概就是因为有人找到了用借口来推卸责任的方法，于是，失败者明白了推卸责任的借口很受用，就自我产生了一种解脱的借口闪身回避，而不是从中吸取教训。

哲人总是教导我们说；成功的道路上永远会挤满失败者，做事情，没有哪件事情很容易成功，但是最后成功的人，只有那寥寥可数的几个真正锲而不舍、善于总结失败教训的人，也就是说，那些最终的成功者，它们必然有一种共同的素质——正视失败，任何失败者都应该明白，承受痛苦就是为了避免新的痛苦，承认失败就是为了永远离开失败。

一个优秀的人从来不会给自己如何推托失败的借口，他们会努力地完成任务，会在事先做好计划，会在工作中坚定不移地朝着目标前进，全力以赴地排除困难，不言放弃。世界著名的管理

141

学家格兰特纳说过这样一段话："如果你有自己系鞋带的能力，你就有上天摘星星的机会！"不要为自己的错误辩护，再美妙的借口也于事无补！不如把寻找借口的时间和精力用到工作中来，仔细琢磨下一步该怎么做。反过来说，面对失败，如果将下一步的工作做好了，失败有可能成为成功之母，这样一来，失败的借口就不用找了。

何况，在这个世界上，辩证地讲从来没有绝对的失败，只要我们从跌倒的地方痛定思痛，勇往直前，成功就不远了。

● 你急功近利吗？

所谓急功近利，就是急迫地追求短期效应而不顾长远影响，追求眼前的区区小利，而不顾全局的根本利益，这都称之为急功近利。

急功近利实际上是极不自信。作家因为功利写不出好作品，艺术家因为功利忽视了艺术和功底，运动员因为功利会有违规行为。为了摆脱眼前的困境，可以不顾未来的利益；为了求得一时的痛快，以长远的痛苦作为代价。难道我们都是功利之人，眼里只有名和利？你也许一时得到，可是你付出的太多，得到的终归少得可怜。期望越大，失望也越大。

在通常情况下，我们都应该要求自己上进，要求自己做事要精确、要成功，但一个人的智力、体力、领悟力与适应力，都有一定的限度和范围，不可能在每件事上都一路领先，胜过所有的人。我们必须承认自己的力量有不能达到之处，承认天外有天，能人背后有能人。

真正成功的人常能举重若轻，履险如夷，临危不乱。这是一份定力，一分自信，也是一种智慧。大处如此，小处也如此。凡事在于自己尽力而为，只要自己已经尽力，成功与否，那就已经不是自己的力量所能操纵，多去忧虑反而分散了自己的精神与心力，降低了成功的可能性。

古语讲，欲速则不达。急功近利便是成就大事业的绊脚石。

急功近利者，一定是戴着功利名位近视眼镜的目光短浅者。一叶障目，不见泰山，只闻到了芝麻的香，而忘却了西瓜的甜。只看到目前的境况，只看到暂时的贫富盈亏。头痛医头，脚痛医脚，是急功近利者一贯的行为方式。为了治好头而不顾脚，为了治好脚又可以不顾头了。为了摆脱眼前的状况，可以不顾未来的利益，为了求得一时的痛快，而以长远的痛苦为砝码。其实这往往是得不偿失的。

比如和朋友交往，为的不光是仅得到帮助和提高自己，还是为了消除寂寞，得到精神上的依托和鼓励。人与人之间的情谊，不能化解到赤裸裸的从对方那里受益。如果这个世界上所有的人都只和比自己优秀的人交往，那么每个人都不会有朋友。因为比你优秀的人只和比他优秀的人交往。这是对人与人之间自然的关系的片面化和扭曲。

　　一个人，如果患上了急功近利的毛病，就一定心胸狭窄，胸无大志，总是盲从世俗，脑袋长在人家的脖子上。别人说军人时髦，你便想法穿上军装。别人说文凭重要，你便马上去混文凭。别人下海捞钱去了，你如同热锅上的蚂蚁，马上削尖脑袋下海去。

　　然而这世间的事情也真怪，越是急功近利者越不容易得到功利，名利之对于你好似吊在车把面前的一块肉对于拉着车的车夫一样。车夫总想抓住那块肉，却总是抓不到。无论你把车拉得多么快，那块肉始终在你的车把前面，始终抓不到你手中。你成天绞尽脑汁，时刻伺机投机取巧，而且忙忙碌碌、大汗淋漓、辛辛苦苦，到头来仍然一无所有。你仍然功未成、名未就、利未得。

　　天凡急功近利者，虽与对高鹜远者殊途，却同归。同归于二：一同于一事无成，二同于无幸福可言，只有空忙一场。急功近利者不可能成就什么事业，因为你本来就没有什么长远追求，没有成就什么事业的志向，你的全部精力，全部时间和全部生命都无形地消失在你的短期行为之中，消失在你虚浮浅薄的劳作之中。

　　生命是美好的，人生是美好的。我们要脚踏实地地追求美好的人生。很多人生年虽然难满一百，有的甚至只有短暂瞬间，却放出了灿烂的光华。我们又何必急功近利呢？

● 你确定全力以赴了吗？

"全力以赴"与"尽力而为"这两个词，从字面理解相似，其实差之毫厘，谬以千里。它们分别代表两种截然不同的生存态度，也造就两种不同的效果或人生。尽力而为，有太多被动的成分。只有完全出于主观，才会全力以赴，才能有所超越。尽力而为只能让我们做完事，而全力以赴却能让我们做成事。用尽力而为的态度做事，碰到问题会退缩，会抱怨，会找理由推卸责任；用全力以赴的态度做事，碰到问题会主动寻找解决方法，主动寻找所需资源，把困难很好地解决掉，把事情圆满地完成。

要知道，用尽所有的能量，积极主动地做好每一件事，全力以赴，是每一位成功人士必备的综合素质。一个人，对于工作，要全身心地投入其中，不要偷懒，也不要找借口，任何时候的放弃都意味着失败。

　　有家挖掘公司，刚刚招进了三位员工。第一个挂着铲子说他将来一定会做老板；第二个抱怨工作时间太长，报酬太低；第三个只是全力以赴、低头挖沟。过了若干年，第一个仍在挂着铲子；第二个虚报工伤，找到借口退休了；第三个则成了这家公司的老板。

　　这个故事告诉我们的是：当你决定做一件事的时候，就一定要全力以赴，不要偷懒，不要埋怨，成功终会降临在你的身上。

　　然而，在生活中，有的人每天都在抱怨。每当看到别人的成功时，就会抱怨上帝的不公。其实老天是公平的，只是，你是否已做到了全力以赴，是否真的付出了全部的努力了呢？

　　不论做什么事情我们都应该全力以赴，也许有人会说：我本想全力以赴地投入，但是如果无功而返，我的全力以赴岂不是白做了么？但是你有没有想过，如果我们没有全力以赴去做，等待我们的就只有失败。

　　全力以赴去做事的确很累，但是当我们获得了成功的时候，我们会觉得所有的努力都是值得的。

　　全力以赴，是奋斗的目标，是指引命运之舟的灯塔；全力以赴，是积极的心态，是打开成功之门的钥匙；全力以赴，是巨大的潜能，是自动自发的动力源泉；全力以赴，是开拓的精神，是积极进取的人生理念。

● 你做过"好好先生"吗？

明代冯梦龙在《古今谭概》中讲了一个"好好先生"的故事。说的是东汉末年有个叫司马徽的人，无论别人讲什么事，他一律都回答"好"。久而久之，别人送他一个"好好先生"的绰号。"好好先生"讲面子不讲人格，讲人情不讲原则，认为"坚持原则是非多，碰着硬茬麻烦多，平平稳稳好处多，拉拉扯扯朋友多"。这类"好好先生"所奉行的做人原则和处世哲学就是"好人主义"。

好人主义，就是没有原则，不分善恶，有意以"好"去讨别人欢喜，不敢得罪人。奉行"好人主义"的人，就要多一点私心，少一点公心；多一点俗气，少一点正气；多一点圆滑，少一点原则。唐朝有个文学家叫苏味道，曾经官居相位，向来处事圆滑，模棱两可，人称"苏模棱"。他对人传授其处世经，叫做

"处事不欲决断明白，若有错误，必贻咎谴，但模棱以持两端可矣"。他这种思想，历来为人所讥。

其实，早在很久以前，孔子、孟子曾无情地揭露、批判过这类人，管这种伪君子、老好人叫"乡愿"。这种人不论在什么地方，也不论在什么情况下，都充当"好好先生"。孔子在《论语·阳货》中说："乡愿德之贼也。"意思是说，没有是非的好好先生，是足以败坏道德的小人。

这种早就为古人所唾弃的"好人主义"，时至今日，仍然不少。在工作上，做"铁路警察"，各管一段，事不关己，高高挂起。这样，你好我好，大家都好，一团和气，表面上是"团结"了，可危害是很大的。

坚持原则，有时显得过刚，容易碰壁，但是切不可因此而放弃原则性。表达的方式许多，我觉得，人的心，是难能可贵的，有一颗热忱的心，做什么事，采取怎样的办法，其实显得不是那么重要，因为你的原则性在，你偏移不了自己的目标；相反，如果你表面处理的再圆滑、成熟，若干年以后，扪心自问，我这么做是为了什么？你能答得上来吗？

诚然，大多数"好好先生"的出发点是好的，他们总想从道德评价的角度上当个好人，总觉得不打小报告、不说别人坏话、容人容事、宽以待人就是好人，而没有考虑对自己负责，也要对他人负责。所以，发现问题不是积极反映，而是奉行"是非面前不开口，遇到矛盾绕道走"的明哲保身的处世哲学，这样做不但自觉不自觉地把自己变成了"老好人"，而且，也违背了自己做好人的初衷。

生活中这样的人为数不少，他们谁也不敢得罪，对上必恭必敬，对下平易近人，八面玲珑，不辩曲直。一有什么矛盾他们就会充当和事老，不说过头的话，也不向着其中任何一方，只要大家能心平气和，彼此相安无事，自己就落的个清净自在。只说好话，不说坏话，报喜不报忧，不求有功，但求无过，对大小问题睁一只眼闭一只眼，能混过去的就混，颇有"中庸"的境界。其实这样并不会给他赢得好人缘，时间长了大家都会讨厌这种没有原则的人。

一个集体，需要的是有才能、有自己见解的人，能对集体有真正的帮助，有了问题就要说，尽管可能会引起他的不快，但真正有远见卓识的人并不会因此而记恨，只要你说得对，他们会接受、采纳你的意见，并愿意重用你，因为他们知道这种员工才是有价值、有作为的人才。

做个讲原则的人，不惟命是从，不唯唯诺诺，有一说一，实话实说。这样做会得罪人，但最终也会赢得别人的尊重。

一个人不坚持原则，就会迷失自我，只能是一个随声附和没有个性的庸人。要想做个真正的人，幸运的人，成功的人，那就不要做"好好先生"。

● 你斤斤计较和攀比吗？

人生种种烦恼的主要来源是什么呢？有人说，很多时候是计较和攀比。

襁褓期间，婴儿运用触觉，比较谁的疼爱多，借着哭声表达自己的计较；上学读书时，又比较谁的分数高，计较老师是否偏心；踏入社会以后，则比较谁的待遇好，计较老板是否公平。有了攀比和计较，一切烦恼于焉而起，纷争也应运而生。

在生活中，我们不能计较或攀比。我们每一个人在自己去做事情的时候，往往都是想努力地把事情做好，最差的愿望也是不要被人家笑话或批评，所以每一步都很认真，尽量做到万无一失，但是有些事情却往往事与愿违，或者会有些意想不到的困难，经常会考验到我们每个人的智慧和毅力；正因为如此，我们每个人的表现就会大相径庭，包括我们每一个人自己。由于智商不同，毅力不同，所以结果就会相差甚远。本来，由于你的智商高，你才成为了他的上级，他的水平肯定不如你，所以做事的结果也自然是不如你，按理你应该理解他；可是这时候你却拿自己的标准去要求他，当他做不到或做不好的时候，你没有去冷静的考虑，只有气愤和冲动，这就是人们常说的"和他一般见识"，可以说是自降了自己的身价，把自己降到了和他一样的智商水平。

中国有句古话，叫做："做人留一线，日后好相见"！所以说为了我们自己，做人不要太计较。对自己应该要求严一点，对别人应该多理解一点，你得到的也许是更多的理解、尊重、幸福和快乐！

当然，在生活中我们更不能存有攀比的心理。生活中要有不比为贵的心态，学会接受自己，这很重要。因为生活中常常打扰我们，让我们感到不安的，往往是别人的生活和别人的模式。在心中总是比来比去，羡慕别人的生活，就会给自己造成混乱和迷茫，甚至使自己不得安宁，失去自我。不去羡慕别人，我们才会找到自己的生活，完成自己的事业，自己的目标，过好自己的日子。

生活的差距无处不在，于是人们在差距中不自禁产生攀比的心理，而盲目攀比却让人们习惯性地将自己所做的贡献和所得的报酬与一个自己条件相当的人进行比较。如果这两者的比值大致相等，那么彼此就有公平感。如果另一方的比值大于某一方，那么另一方就产生心理失衡。某些政府官员看到与自己同等级别的官员用车比自己高级，住房比自己宽敞，自己甚至还不如比自己级别低的人，心里自然感到不平衡，于是换车建房也就不足为奇。其原因主要是心理上的诱因导致的。

攀比与不满足心理犹如一胞姐妹，相伴而生。攀比是不满足的前提和诱因，在没有原则没有节制地比安逸、富有、阔气中，至心理失衡，越发不满足。有的人则为自己能在这些错误的攀比中出人头地、占据上风而无限度地追求个人名利，进而驱使自己不断走向腐化堕落的深渊。

由此可知，攀比是一把刺向心灵深处的利剑，对人对己毫无益处，折苦的只是自己的快乐和幸福。所以说，我们的生活经不起计较和攀比，我们何不用这些计较和攀比的功夫，来做一些我们自己觉得有益的事情？

● 你是否总喜欢空想？

每个人都向往美好的未来，但如果只是做梦，向往向往，那么梦也就只是梦。须知道，任何美好的想象，如果只停留在脑子里，任何辉煌的蓝图，如果只停留在纸上，那么它永远也不会有实现的一天，永远也不会带来成功和幸运。所以，空想要不得。如果一个人只会空想，不懂得去奋斗，不懂得如何为自己的梦搭建出可以实现的舞台，那么梦想永远都只能是梦想。

把梦想付诸实践的关键，是行动。无论你有多少想法，多少梦想，多少好打算，都不能被你闲置，因为任何成功和幸运都需要实际行动的支持。幸运不会无缘无故地眷顾谁，只有采取行动才能捕获幸运。

任何成功都要扎扎实实地努力。比如曾缔造阿里巴巴的风云人物马云，他第一次"下海"，是1991年大学毕业后在杭州电子工业学院教英语期间，和朋友成立了海博翻译社。结果第一个月收入700元，房租2000元，被周围人当做了笑柄。在大家动摇的时候，马云却始终坚信：只要做下去，没有做不成的。他不相信自己是个"没前途的人"，他有着自己远大的理想。他不惜一个人背着个大麻袋到义乌、广州去进货，翻译社开始卖起了礼品、鲜花，以最原始的小商品买卖来维持运转。经过马云的努力，他不仅养活了翻译社，而且业务蒸蒸日上。他的实践行动和不断的努力，终于让他最初的创业梦得以"存活"下去。

1997年，在国家外经贸部的邀请下，马云带着自己的创业班子建立了外经贸部官方网站、网上中国商品交易市场、网上中国

国家级站点。1999年初，马云返回杭州。虽然有了成就，但是他并没有就此"小富即安"，他开始进行二次创业——介入电子商务领域。就这样，阿里巴巴网站横空出世。马云立志把它做成中小企业敲开财富之门的引路人。阿里巴巴的会员不断增多，业务量不断上涨，网站越做越大。他的理想在他的不断努力下终于一步步变为了现实。

马云的成功不可谓不风光，可这都是他一步步走出来的，而不是空想出来的。也许有人会挑刺说，他赶上了好的机遇。可是当时知道互联网的人也不在少数吧？却只有他敢想，并且敢做。机遇只属于敢于实现梦想、敢于行动的人。他在确定了自己的理想后，就立刻放弃了原有的职业和不错的收入，马上投入到实现

理想的实践中去。

　　空想家与行动者之间的对比似乎既简单又浅显，但是，它所蕴含的智慧却往往被人们忽略。太多的人在坐等机会的自动降临，在期待某个时刻、以某种方式、在某一天自己一觉醒来便会梦想成真。所有的空想者正是每日生活在这样的幻觉之下，而幸运的成功者却都是敢行动并立即行动的人，他们的一切都是用自己的行动和智慧换来的。

第 七 章

提升你自己，
这是你跟世界不一样的资本

● 生命在于不断进取

很多有目标、有理想的人，他们工作、奋斗的同时常常觉得过程太艰难而产生倦怠、泄气的情绪。到后来他们发现，如果他们能再坚持久一点，如果他们能更向前瞻望一下，他们就会得到好的结果。

你听过海耶士·钟士令人兴奋感动的事迹吗？他是1960年高栏比赛的风云人物，他赢得一场又一场的比赛，打破了许多记录，可谓轰动一时。这些傲人的成绩使他顺理成章地被选为参加当年在罗马举行的世运会的选手。他参加110米高栏赛；全世界都认为他能赢得金牌。

但是出乎意料地，他并没有得到金牌，只跑了个第三名。取得这个成绩后他的第一个想法是："怎么办呢？""我或许该放弃比赛""但是要过四年才会有世运会"。在所有人看来，他已经赢得所有其他比赛的高栏冠军，何必再受四年艰苦的训练？所以摆在他面前唯一合理的路就是忘掉比赛，开始在事业上寻求发展。

这当然非常合乎逻辑，但是海耶士·钟士却不能安于这种想法。"对自己一生追求的东西，"他说，"你不能够事事讲求逻辑。"因此他又开始了训练，一天三小时，一个星期七天。在尔后的几年里，他又在60码和70码高栏项目创造了一些新记录。

1964年2月22日，在纽约麦迪逊广场花园，钟士参加60码高栏赛。赛前他曾经宣布这是他最后一次参加室内比赛。大家的情绪都很紧张，每个人的眼睛都看着他。他赢了，平了自己以前所创的最高记录。然后一件奇怪的事发生了。在那个时候的老麦迪逊广场花园，赛手跑过终线以后，就转进一个弯道，观众看不见。钟士跑完，走回跑道上，低头站了一会儿，答谢观众的欢呼。然后17000名观众都起立致敬，钟士感动得流下了泪下，很多观众也流下眼泪来。一个曾经失败的人能够抛掉已有的荣誉，永不放弃自己，不断追求卓越的精神感动了在场的每个人。

他参加1964年东京世运会，在110米高栏跑出13.6秒的成绩，得了第一，这一次，他终于用自己的实力证明了自己，最终取得了冠军。

后来他在一家航空公司工作，担任业务代表。

他自愿协助推展所在城市的体能训练计划，他的活动取得了极为了不起的成果。

有一次，他对一群年轻人演说，引诵了加拿大作家塞维斯的诗句：

恳恳不倦会为你赢得胜利，临阵脱逃不是好汉。

鼓起勇气，放弃毕竟是太容易，

抬头继续前进才是难题。

为你受打击而哭泣——而死亡也是太容易；

撤退、爬行也容易但是在不见希望时却要战斗。

再战斗——这才是最好的人生之戏。虽然你经历每一场激战，浑身是伤、是痛，但是在努力一次——死亡毕竟是太容易，继续抬头前进，继续抬头前进，才真不容易。

人生的进步与成功，正是因为有了这种不断进取的精神，这种永不停息的自我推动力，才激励着人们向自己的目标前进。对这种激励的需要是我们人生的支柱，为了获得和满足这种需要，我们甚至愿意以放弃舒适和牺牲自我为代价。

永不放弃、不断进取是激发人们抗争命运的力量，是完成崇高使命和创造伟大成就的动力。一个有进取心的人，就会像被磁化的指南针那样显示出矢志不移的神秘力量。

正是因为有着不断进取的精神，埋在地里的种子才能破土而出，不断地向上生长，向世界展示美丽与芬芳；正是有了这种精神，人类才得以去更好地完善自己，去追求完美的人生。

● 把握住现在，才能成就未来

一个青年去寻找深山里的智者，向他请教一些人生问题：

请问大师，你生命中的哪一天最重要？是生日还是死日？是上山学艺的那一天，还是得道开悟的那一天？"青年连珠炮似地问。

"都不是，生命中最重要的是今天。"智者不假思索地答道。

"为什么？"青年甚为好奇："今天发生了什么惊天动地的大事？"

智者说："即使今天没有任何来访者，今天也仍然重要，因为今天是我们拥有的唯一财富。昨天不论多么值得回忆和怀恋，它都像沉船一样沉入大海底了；明天不论多么灿烂辉煌，它都还没有到来；而今天不论多么平常、多么暗淡，它都在我们手里，由我们自己支配。"

青年还想问，智者却收住话头："在谈论今天的重要性时，我们已经浪费了我们的'今天'，我们拥有的'今天'已经减少了许多。"青年若有所思地点点头，他明白了什么是当下。

我们说世间万物都是活在当下的。我们的每一个明天都是由今天，这一时，这一分，这一秒组合而成。过好当下的时刻，做好手边正在做的事，才能对得起我们的明天，对得起我们的未来，对得起我们的生命。

在人生的旅途中，没有人能预知自己的未来，未来的自己是会成功地赢得满堂喝彩，还是一直平淡、落寞都没有人能提前知晓。

要知道，人生最重要的时刻就是当下所拥有的时光，过去的已然成为了过去，无法回头，未来不可把握，只有把握好现在才是我们最应该做的事。

把握好当下的时光，才能更好的拥有未来。如果你当下正在读一本好书，就请认真仔细地把它读完，并写下你的感悟；如果当下你正在为工作烦忧，就请先暂时抛开烦恼，认真做好当下的事情；如果现在你有什么想要实现的梦想，就请立即行动，朝着目标迈进。

对比"未来"，"现在"却是可以为我们控制、把握的，我们现在正在做的事，所说的话，都可以被我们把握。要知道，每一个的未来都是由当下的一点一滴组成的，当下所做的事，对生活所持的态度都会影响到我们的未来。如果你把握好了当下的每时每刻，努力工作、努力学习，那就能更好地掌握自己的人生，赢得自己的未来，但若只一味地白日做梦，只知道怨天尤人，那"未来"永远都只能是一个美丽的幻想。

光阴是杆公平的称，从不偏袒任何人，它给勤劳朴实的人以安乐，帮聪明刻苦的人实现理想，而留给懒惰的人空虚与懊悔。

珍惜光阴，把握当下，抓住生活中的点滴，有梦想就去早日实现它。美国的"发明大王"爱迪生，12岁当报童，由于他抓紧时间孜孜不倦地学习，16岁就发明了电话自动拨号机，一生竟有1000多种发明创造，79岁时，他对客人说："我有135岁了。"这已不可怪！原来爱迪生每天工作18小时以上，另一种角度来说这也就是使自己的生命得到了延长。

其实命运完全掌握在我们自己手中，究竟如何过好每一天，没有人会帮我们设定，需要我们自己脚踏实地地去耕耘。你为你的目标忙碌了、付出了，当这一天结束的时候，你就会收获，哪怕是一点小小的成功。因为你做了，所以你的心不再空虚；因为你收获了，所以你幸福着！

过好当下的时刻，当我们欣赏一处风景时，不要急着离开去寻找下一处美景，而应真正地感受当下。在那个时刻，在我们的思维里，世界上其他的风景已经不存在了，只有当下的景物令我们陶醉——当我们用心与灵深深感受当下，完全与我们所做、所看、所处的环境融为一体时，就是全然投入。

鲁迅先生说："杀了现在，也便杀了未来。"就是告诉我们，要想赢得未来，就应该抓住当下的时刻，把握好现在。

● 在过程中享受欢乐

其实，人生的过程也就像坐车，都是从一个起点到一个终点。但是在这个旅途中有的人选择闷头睡觉，有的人心事重重，有的人聊天，有的人埋头做自己的事，而有的人却选择一路欣赏沿途的风光。到了终点站，每个人的收获却不同，有的人说无聊，有的人说太闷，有的人说太辛苦，而只有欣赏风景的人说路上风光很美，让人不虚此行。在这个过程中，很明显，收获最多，心情最愉快的还是沿路欣赏风光的那些人。

在这个步履匆匆的年代，人们的欲望越来越多，也就越来越没有时间去寻求生命中的惊奇和美丽了。他们一味地追求金钱、名誉、地位，花大把的时间和精力去苦苦追求，在这个过程中他们开始忽略路边的风景，他们只是忙着赶赴目的地。等到他们到达目的地时，却发现最美好的东西，已经被自己错过了。

　　他们厌倦童年的美好时光，急着成熟，但长大了，又渴望返老还童；他们健康的时候，不知道珍惜健康，往往牺牲健康来换取财富，然后又牺牲财富来换取健康；他们对未来充满焦虑，但却往往忽略现在，结果既没有生活在现在，又没有生活在未来之中；他们活着的时候好像永远不会死去，但死去以后又好像从没活过，还说人生如梦⋯⋯

　　人生不过匆匆数十年，我们却在不停地追寻与悔恨中度过，不懂得享受现在的拥有，不懂得欣赏人生沿途的风光，只能到老时徒留遗憾，这样的人生何其可悲⋯⋯

　　人生也好比一辆行驶着的列车，在行驶的过程中，有平原大坝的富饶美丽，有江河山川的壮丽神奇，有白天的喧嚣，也有傍晚的宁静。这辆列车会驶过如花般的春天，似火的夏日，也会有秋收的美景，当然也会经历冬日的严寒，但无论是在哪段旅程，处于哪个阶段都会有那个旅途中的美丽。作为行人，我们所要做的就是好好欣赏在这个旅程中的美景，让自己的人生不虚此行。

● 珍惜你现在的拥有

佛经中有这样一个故事：有一天，佛陀外出云游，路上遇见一位诗人。诗人年轻、有才华、富有、英俊，而且拥有娇妻爱子，但他总觉得自己不幸福，逢人便抱怨上天对自己不公。

佛陀问他："你不快乐吗？我可以帮你吗？"

诗人回答："我只缺一样东西，你能给我吗？"

"可以。"佛陀说："无论你要什么，我都可以给你。"

"是吗？"诗人盯着佛陀，一字一顿、满脸怀疑地说："我要幸福！"

佛陀想了想，自言自语道："我明白了。"

说完，佛陀施展佛法，把诗人原先拥有的一切全部拿走——毁去他的容貌、夺走他的财产、拿走他的才华，还夺走了他的妻子和孩子的生命。做完之后，佛陀立即离去。

一月后，佛陀再次来到诗人身边。此时的诗人，已经饿得半死，躺在地上呻吟，看见佛陀后诗人立刻向佛陀忏悔了自己的错误。于是，佛陀再施佛法，把一切又还给了诗人，然后悄然离去。

半个月后，佛陀再次去看诗人。这一次，诗人搂着妻儿，不停地向佛陀道谢。因为，他已经体会到了什么是幸福。

不要总是感叹命运不济，接受自己的生活，你就会发现生活中的美好一直在那里，机遇也一直在那里，即使面对无法改变的事实，诚恳乐观地去接受也会让人感觉到快乐，而快乐也是成功的一个重要前提。

幸福其实就在眼前，珍惜自己已经拥有的东西，当下正在享受着的幸福、快乐，好好经营自己，才能拥有一个最真实、最圆满的人生。

只有真正懂得了珍惜，才能更好的把握自己，欣赏自己。只有这样，才能让你无论在顺境还是逆境面前，能够坦然面对，正确把握自己，你才能欣赏自己的每一份工作，拥有一个美好的精神世界。守住自己所拥有的，想清楚自己真正想要的，我们才会真正地快乐。

● 一步一个脚印往前走

一位成功学大师说过，人，不是不能遐想、展望，但想了，要付诸行动。如果只遐想，而不学习、实践，那就真成"瞎想"了。

君不闻"合抱之木，生于毫末；九层之台，起于累土；千里之行，始于足下。"要想成功，就应该从现在开始一步一个脚印地开始迈步，积累。"不积跬步无以至千里，不积小流无以成江海。"参天大树也是由小树苗慢慢长成的。

冯根生小时候在胡庆余堂当学徒，他父亲是第二代学徒，他是第三代。当学徒，要学的东西很多，冯根生年纪小，又是新来的，要学的东西就更纷繁杂乱了。可冯根生在胡庆余堂当学徒却是醉翁之意不在酒，他主要是想学做生意。明确了自己的梦想，所以即使当学徒的日子再苦，冯根生还是坚持了下来。

　　寒来暑往，春去秋来，冯根生在胡庆余堂忍受着煎熬，一步一个脚印向前走。他从认药开始学起，学完认药，又学配药，还要打理药堂生意，如果有顾客来，不管是白天还是晚上，冯根生都要去给人开门，然后配药。同时，冯根生也在一步一个脚印地跟着师傅们学习如何做生意。

　　到了1972年，胡庆余堂一分为二。以前的制胶车间独立出来，成为了杭州中药二厂。那时，杭州中药二厂位于杭州的西郊，地理位置极其偏僻，而且环境艰苦、设备简陋。原来胡庆余堂的9个副厂长、副书记没有一个愿意去那里任职。就这样，当时正在担任制胶车间主任的冯根生被任命为杭州中药二厂厂长。

　　刚建厂的杭州中药二厂困难重重，面对着这个荒草遍地、乱石林立的烂摊子，冯根生决定从头做起，改变药厂这一现状。虽然任重道远，但他有信心。

　　要想富，先修路。如果想让杭州中药二厂发展起来，第一步就要修好路，修好了路，才能让药品走出去，才能让更多的人知道杭州中药二厂。修好路之后就要翻盖厂房，这是门面问题，只有安内才能攘外，冯根生开始了浩浩荡荡的改造工程。

　　门面问题解决了，冯根生便开始招贤纳士。有时为了招揽一名技术人员，冯根生甚至亲自出马，三顾茅庐。冯根生愿意用诚心去感动所有人，更希望能用自己的实际行动赢得所有人的认可。

　　冯根生在胡庆余堂摸爬滚打多年，就是为了等待机会。等到机会来临的时候，他不盲目，从药厂的根本问题开始解决，一步一步摸索，一步一步实践，最后终于到达了梦想的彼岸。

很多人都想在生活中寻找一条成功的捷径，其实成功的捷径很简单，那就是勤于积累，脚踏实地。

很多身陷贫穷，没有取得成功的人常常都想通过买彩票、买股票等投机方法获得成功。

但通过这种方式成功的人却没有几个。这些人的想法和做法其实离获取成功的方法很远。那成功的捷径到底是什么呢？答案其实很简单，那就是一步一个脚印地前进。

生活中，那些心存侥幸、渴望点石成金的人往往会一无所获、双手空空；而那些看似没有多少进步的人，积累一段时间以后，就会获得成功，所以成功的秘诀就在于踏实、肯付出。只有踏实走出了你的每一步，你才能积少成多，获得成功。

俄国诗人普希金在《青铜骑士》里写道："只有踏实地累积实力，才能为自己赢得独立与荣耀。"拔苗助长的人，只能让仅有的一点能力过早显露，遭到别人白眼的对待；好高骛远的人，只不过有个看似比别人崇高的目标罢了，若不肯脚踏实地地去做，最后只能与失败为伍。

俄罗斯撑杆跳高名将谢尔盖·布勃卡就是分解目标、缩小目标的最佳实践者。这位"撑杆跳高沙皇"从上世纪80年代初开始就独步天下，主宰世界撑杆跳领域长达20年之久。他是田径史上唯一一个赢得6次世界冠军的超级巨星，身后留下了35次打破世界纪录的辉煌瞬间。

也许，你可能会惊讶地问：这么多次破纪录，他每一次能提高多少啊？答案是：每一次提高一厘米！他就是用这种规则允许的最小度量，在17年内把室外世界纪录提升到6.14米（室内6.15米）。所以有人称他为"一厘米王"。因此，有些人在钦佩他的同时可能会有一种不屑的想法，觉得他是为了多拿奖金才有意这样做的。其实，布勃卡真实的意图就是为了让自己的目标更小一些，离自己更近一些，这会增加他的信心和力量。他说："如果说当初就把训练目标定为6.14米，没准早就被这个目标吓倒了。"布勃卡此举非常明智，他将远大的目标缩小为每次一厘米，这样他每破一次纪录，就能获得一次征服的快感和享受，就证明一次自己的实力，就向自己心中更高的目标跨进了一步。

只有着眼于当下，做好当下正在做的事，然后一步一个脚印地去走自己梦想的道路，总有一天你会看成功向你招手。

● 比别人做得更多

爱迪生说："天才是百分之一的灵感，加上百分之九十九的汗水。"世上大凡成功者的成就都不是一步登天而来的，他们的成功都源自于比常人多得多的付出。

卡洛·道尼斯先生最初替汽车制造商杜兰特工作时，只是担任很低微的职务。但他现在已是杜兰特先生的左右手，而且是杜兰特手下一家汽车经销公司的总裁。他之所以能够在很短的时间升到这么高的职位，也正是因为他提供了远远超出他所获得的报酬更多以及更好的服务。

当他刚去杜兰特先生公司上班时，他很快注意到，当所有的人每天下班回家后，杜兰特先生仍然留在办公室内呆到很晚。因此，他每天在下班后也继续留在办公室看资料。没有人请他留下来，但他认为，应该留下来，以便为杜兰特先生随时提供协助。

　　从那以后，杜兰特在需要人帮忙时，总是发现道尼斯就在他身旁。于是他养成随时随地招呼道尼斯的习惯；因为道尼斯自动地留在办公室，使他随时可以找到他。道尼斯这样做，获得了报酬吗？当然，他获得了一个最好的机会，获得了某个人的信赖，而这个人就是公司的老板，有提升他的绝对权力。

　　如果你只是从事你报酬份内的工作，那么你将无法争取到人们对你的有利的评价。但是，当你从事超过你报酬价值的工作时，你的行动将会促使与你的工作有关的所有人对你做出良好的声誉；一个业务员要成功，必须拜访非常多的客户，如果他不知道，最顶尖的业务员一天拜访多少个客户，那么他根本就没有成功的机会；如果他无法付出顶尖业务员所做的行动，他就无法提高成绩。

　　如果你想登上成功之梯的最高阶，就要永远保持主动。即使你面对的是毫无挑战和毫无生趣的工作，如果你能够做到自动自发，最后一定能获得回报。

　　每个老板都喜欢积极主动、善解人意的员工，每个人也都愿意和这种人共事。如果你总能保持主动率先的工作精神，比自己分内的工作多做一点，比别人期待的多服务一点，你就可以吸引老板的注意，得到加薪和升迁的机会。

　　对维尔特一生影响深远的一次职务提升是由一件小事情引起的。一个星期六的下午，与维尔特同在一层楼办公的一位律师走进来问她，哪儿能找到一位速记员来帮忙——手头有些工作必须当天完成。

维尔特告诉他，公司所有的速记员都去观看球赛了，如果晚来五分钟，自己也会走。但维尔特同时表示自己愿意留下来帮助他，因为"球赛随时都可以看，但是工作必须当天完成"。

做完工作后，律师问维尔特应该付她多少钱。维尔特开玩笑地回答："哦，既然是你的工作，大约1000美元吧。如果是别人的工作，我是不会收取任何费用的。"律师笑了笑，向维尔特表示谢意。

维尔特的回答不过是一个玩笑，并没有想真正得到1000美元。但出乎意料，那位律师竟然真的这样做了。

6个月后，在维尔特已将此事忘到九霄云外时，律师找到了维尔特，交给她1000美元，并且邀请维尔特到自己公司工作，薪水比她原来的薪水高出1000多美元。维尔特放弃了自己喜欢的球赛，多做了一点分外的事情，最初的动机不过是出于乐于助人的愿望，而不是金钱上的考虑。维尔特并没有责任放弃自己的休息日去帮助他人，但那是她的一种特权，一种有益的特权，它不仅为自己增加了1000美元的现金收入，而且为自己带来一项比以前更重要、收入更高的职务。

比别人做得更多，就是在别人已经做得很好的情况下，再比别人多做一点点，做得再好一点点，这样日积月累，就会在不知不觉间形成一笔很客观的财富，这份财富有可能在短时间内是无形的，但如果你长期坚持了，就会收获得比别人更多。就好比例子中的卡洛·道尼斯，只是没有像别人一样照常下班，而是选择留下来帮助老板，结果得到了老板的信任，也得到了比别人更多的机会，获得了成功。

在西方国家，有句谚语说："你看见主动自觉的人了吗？他必定站在君王的身边。"的确，主动的人才可能得到赏识，自觉是通向成功的通行证。当主动成为一种习惯时，我们就能从中学到更多的知识，积累更多的经验，就能从全身心投入工作的过程找到快乐。让主动成为习惯，你将因此受益无穷。

● 多一分热忱，多一分收获

　　热忱是发自内心的一种情绪，经常会被一些人表现在眼睛里或行动上。热忱是一个人对所做事情的感觉和兴趣。一个人对工作没有热忱，那就不能体会到劳动的快乐，也就不能在事业上取得成就；一个人对生活缺乏热忱，就不会以一颗感恩的心来看待生活中的种种美好。要知道，只有以充满热忱的态度来工作、生活，才能给自己赢得更多的机会，收获更多。

　　一个寒冷的晚上，2500名青年男女涌进了纽约市宾夕尼亚体育馆的大舞厅。六点半，大厅内已座无虚席了，到了八点，大厅被挤得满满当当。

　　这些人劳累了一天，他们晚上来这儿干什么？

　　原来他们前来是为了倾听最新、最实用的课程《有效地讲话并在工作中影响他人》的第一讲，这是由"戴尔·卡耐基言语技巧和人际关系协会"举办的课程。

与此同时，人们正在争相传阅戴尔·卡耐基的《影响力的本质》一书。

在其后的24年里，纽约市每天都要开设这种课程，听卡耐基演讲和接受该课程培训的人多达15万，甚至连威斯汀豪斯电气公司、麦道公司等一些保守的公司也派出管理人员接受培训。

戴尔·卡耐基获得了巨大的成功。

有人问卡耐基，他是如何取得这些成就的。他微笑着说："除了掌握了大量的知识和技巧以外，最重要的是，我热爱我的事业，我热爱我的听众。"

卡耐基表现了他的热忱。热忱是发自内心的激情，如果一个人身上激情洋溢，那么他就是一个有吸引力的人。卡耐基的成就来自热情的追求，卡耐基的课程也把热忱作为最基本的一课。他用他的热忱感染着他的学生。

卡耐基在课堂上比较喜欢这样一句名言："我愈老愈能感觉到热忱的感染力，成大事的人和失败的人在能力上差别并不大，但正是由于各方面条件相近，热忱就显得尤为重要了。热忱的人有信心和勇气去克服困难。"

卡耐基在他的备忘录中这样写道："我说的热忱，是一种内在的精神本质，它深入到人的内心，任何不是发自内心的热情，那都是虚伪的表现……只要你充满了对别人的爱，你就会兴奋，你的眼睛，你的大脑，甚至你的灵魂都充满了激情，这种激情可以感染别人，鼓舞别人。"

对生活充满热情的人都有着积极的心态、积极的精神状态。在人群当中，热情是用一种极富感染力的表达方式来表示对别人的支持。热情的人，往往是积极的人。热情不是来自外在空间的力量，而是自信、乐观、激情在人的内心激荡，最后有机地综合而来的。

爱默生说："缺乏热忱，难以成大事。"成功与其说是取决于才能，不如说取决于人的热忱。热忱可以分享、复制，它是生命中一种最巨大的奖励，带来精神上的满足。

热忱是一个人难得的品质，它不仅是人取得成功的法宝，也能让一个人战胜苦难，成就梦想，不仅如此，有时它甚至是人取得事业成功的关键所在。

无论是谁，心中都会有一些热忱，而那些渴望成功的人们的内心世界更像火焰一样熊熊燃烧，这种热忱实际上是一种可贵的能量。即使两个人具有完全相同的才能，必定是更具热情的那个人会取得更大的成就。

一个没有热忱的人不可能始终如一、高质量地完成自己的工作，更不可能做出创造性的业绩。如果你失去了热忱，那么你永远也不可能从不利的环境中走出来，永远也不会拥有成功的事业与充实的人生。所以，从现在开始，对你的人生倾注全部的热情吧！

● 再试一次的奇迹

在西部淘金的热潮中，家住马里兰州的迈克和他叔叔一起到遥远的美国西部去淘金，他们手握鹤嘴镐和铁锹不停地挖掘，几个星期后，终于惊喜地发现了金灿灿的矿石。于是，他们悄悄地将矿井掩盖起来，回到家乡的威廉堡，筹集大笔的资金购买采矿设备。不久，他们的淘金事业便如火如荼地开始了。当采掘的首批矿石运往冶炼厂时，专家们断定，他们遇到的可能是美国西部罗拉地区藏量最大的金矿之一。迈克仅仅只用了几车矿石，便很快将所有的投资全部收回。

让迈克万万没有料到的是，正当他们的希望在不断膨胀的时候，奇怪的事儿发生了：金矿的矿脉突然消失！尽管他们继续拼命地钻探，试图重新找到金矿石，但一切终归徒劳，好像上帝有意要和迈克开一个巨大的玩笑，让他的美梦成为泡影。万般无奈之际，他们不得不忍痛放弃了几乎要使他们成为新一代富豪的矿井。接着，他们将全套的机器设备卖给了当地一个收购废旧品的商人，带着满腹的遗憾回到了家乡威廉堡。

就在他们刚刚离开后的几天里，收废品的商人突发奇想，决计去那口废弃的矿井碰碰运气，为此，他还专门请来了一名采矿工程师。只做了一番简单的测算，工程师便指出，前一轮工程失败的原因，是由于业主不熟悉金矿的断层线。考察的结果表明，更大的矿脉距离迈克停止钻探的地方只有三英寸！

故事的结果是，迈克终其一生只是一名收入仅够养家的小农场主，而这位从事废品收购的小商人，终于成为西部的巨富。虽然付出了最大的努力，但迈克获取的却仅仅是罗拉地区最大金矿的一个小小支脉；收废品的商人虽然只花费了很小的代价，却通过一口废弃的矿井而成功地拥有了最大金矿的全部。这两种截然不同的命运背后，原本暗藏着一次完全相同的机遇。所不同的是，面对"失败"和"不可能"，迈克轻易放弃了，而收购废品的小商人却敢于再去尝试一次。

约翰逊于1918年出生在一个贫寒的家庭中。他曾在芝加哥大学和西北大学勤奋读书，由于他的刻苦钻研，最后获得了16个名誉学位。

约翰逊开始踏入商界是在芝加哥由黑人经营的优异人寿保险公司当杂役。现在，他已是这个公司集团的董事长，主管着好几个庞大的分公司。

1942年，24岁的约翰逊以抵押他母亲的家具得到的500美元贷款独自开办了一家出版公司。现在，这个出版公司已经成为美国的第二大黑人企业。1961年，约翰逊开始经营书籍出版事业。到了1973年，他又扩展了业务，买下了芝加哥市的广播电台。

在谈到他的成功时，约翰逊谦逊而诚恳地说："我的母亲最初给了我很大的启发和鼓励，她相信并且常常对我说的是'也许你会勤奋地工作而一事无成。但是，如果你不去勤奋地工作，你就肯定不会有成就。所以，如果你想要成功的话，就得冒这个险！问题总是有办法解决的。要百折不挠、坚持不懈，要不断地去研究、去想办法'。"

他到芝加哥去上中学时，就开始为获得成功而奋斗了。"我没有朋友，没有钱，由于穿的是家里自制的衣服而被人讥笑。我说话有很重的南方口音，小朋友们常拿我的罗圈腿取笑我。所以，我不得不用一种办法在他们面前争口气，而且我只能采取这样一种办法——做一个成绩优异的学生。"

1943年，当美国的《黑人文摘》刚开始创刊时，前景并不被人们所看好。约翰逊为了扩大该杂志的发行量，积极地准备做一些宣传。他决定组织撰写一系列"假如我是黑人"的文章，请白人把自己放在黑人的地位上，严肃地看待这个种族问题。他想，如果能请罗斯福总统的夫人埃莉诺来写这样的一篇文章，是最好不过的了。于是，约翰逊便给她写了一封非常诚恳的信。

罗斯福夫人回信说，她太忙，没时间写。但是，约翰逊并没有因此而气馁，他又给她写了一封信，但她回信还是说她很忙。此后，每隔半个月，约翰逊就会准时给罗斯福夫人写去一封信，言辞也愈加恳切。

不久，罗斯福夫人便因公事来到了约翰逊所在的城市芝加哥，并准备逗留两日。得此消息后，约翰逊喜出望外，立即给总统夫人发了一份电报，恳请她在芝加哥逗留的这段时间里，给《黑人文摘》写一篇文章。收到电报后，罗斯福夫人没有再拒绝。她觉得，无论自己多忙，她再也不能说"不"了。

罗斯福夫人的文章刊出后，在全国引起了轰动。结果，在一个月内，《黑人文摘》杂志的发行量由2万份增加到了15万份。后来，他又出版了一系列的黑人杂志，并开始经营书籍的出版、广播电台、妇女化妆品等事业，终于成为世界闻名的大富豪。

其实，很多人并不了解，在取得成功之前的奋斗过程中，可能会遇到许多挫折，面临许多令人沮丧的挑战。但成功的人在受到挫折时，并没有灰心丧气，止步不前。相反，他们从挫折中吸取经验教训，坚毅地向前，并坚持下去，更加努力地朝着目标奋进。

所有的奋斗目标都是在一点一点、一步一步坚持的过程中实现的。因为取得进步需要时间，成功的过程也是缓慢的，所以获得成功有时得花长年累月的时间。成功者都懂得这个道理，在为取得成功而奋斗的过程中，容许自己克服挫折与失败，一步一步地前进。他们知道想要即刻如愿以偿地取得成功是不现实的，正确的态度是持续不断地去实践、去努力。

可以说，成功从来就不是一条风和日丽的坦途，面对每一次的挫折与失败，我们应该始终怀有"再试一次"的勇气与信心。也许，再试一次，成功就会不期而至！

● 别不重视零碎时间

把零碎时间用来从事零碎的工作，从而最大限度地提高工作效率。比如在乘车时，在等待时，可用于学习，用于思考，用于简短地计划下一个行动等等。充分利用零碎时间，短期内也许没有什么明显的感觉，但长年累月，将会有惊人的成效。

用"分"来计算时间的人，比用"时"来计算时间的人，时间多59倍。

"噢，还有5到10分钟就要开饭了，现在什么事都干不了。"这是我们生活中最常听到的一句话。但实际上，有多少身处逆境、命运多舛的人，充分利用了时间，从而为自己建立了人生和事业的丰碑。那些虚掷了时光的人，如果能够有效利用的话，完全有可能成为出类拔萃的人物。

鲁迅先生就说过："哪里有什么天才，我只不过把别人喝咖啡的时间用在了写作上。"

外国作家马莉恩·哈伦德也取得了非同凡响的成就，而这主要归功于她能够精打细算地利用每分每秒。作为一个繁忙的母亲，她既需要照顾孩子，又需要操劳家务。然而，任何一点闲暇，她都用来构思和创作小说和新闻报道。尽管她成就卓著，然而，终其一生她都受到各种各样的干扰，这种干扰使得绝大多数妇女在琐碎的家庭职责之外不可能有别的作为。由于她超常的毅力和分秒必争的态度，她做到了化平凡为神奇，而最终成就了一番事业。

无独有偶，哈丽特·斯托夫人同样是有着繁重家务的家庭主妇，但她完成了那部家喻户晓的名著——《汤姆叔叔的小屋》。类似的例子真是不胜枚举，比如在每天等待开饭的短暂时间里读完了历史学家弗劳德长达12卷的《英国史》。朗费罗每天利用等待咖啡煮熟的10分钟时间翻译《地狱》，他的这个习惯一直坚持了若干年，直到这部巨著的翻译工作完成为止。

时间是如此宝贵，然而，浪费时间的人却随处可见。

事实上，每一个成功人士都有这样的一个"盒子"，用于把那些零碎的时间，那些被分割得支离破碎的时间，都收集利用起来。等着咖啡煮好的半个小时，不期而至的假日，两项工作安排之间的间隙，等候某位不守时人士的闲暇等等，都被他们如获至宝般地加以利用。

"所有我已经完成的，准备完成的，或者是想要完成的工作，"埃利胡·布里特说，"都跟蜂窝的形成一样，是经过或即将经过长期艰巨、单调乏味、持之以恒的积累过程——材料的日积月累、思想火花的不断撞击和对真理的不断辨析。如果我是受到了某种雄心的激励，那么，我最崇高也是最热切的愿望就是能够为美国的年轻人树立这样一个榜样——把那些被称之为瞬间的点点滴滴充分利用起来，便诞生了奇迹。"

《失乐园》的作者弥尔顿是一位教师，同时他还是联邦秘书和摄政官秘书。在繁忙的工作之余，他利用一些零碎的时间，抓紧每一分一秒，坚持创作。

我们每天的生活和工作时间中都有很多零碎时间，如有人约你一起吃中饭而迟到，于是你只能等待；或者你到修车厂去而车子无法按约定时间交付；或在银行排队而向前移动缓慢时等等，不要把这些短暂的时间白白耗掉，完全可以利用这些时间来做一些平常来不及做的事情。

如果你留心一下会发现，我们每天中的这种时间太多了。推销员常常发现，在接待室等待和顾客面谈的时间足够他办完所有书写工作：给上一位顾客写信、计划以后拜访哪些人，填写支出费用的报告等等。每个人都可以找些适当的细小工作，利用这个时间空当来完成，只要把必备的表格或资料带在手边就可以了。

也可以在随身带着的约会记事本内夹五六张小卡片。这种做法很有用。每当想到了一个好主意，或要开列一张表，或看到一些要抄录下来的东西，就可以使用所携带的卡片。

不要认为这种零碎时间只能用来办些例行公事或不大重要的杂事：最优先的工作也可以用这零碎的时间来完成。如果照着"分阶段法"去做，把主要工作分为许多小的"立即可做的工作"，随时都可以做些费时不多却重要的工作。

因此，如果时间因为那些效率低的人的影响而浪费掉了，请记着：这还是自己的过失，不是别人的原因。

● 不放弃，终有希望

有一个名叫愚公老人，快90岁了。他家的门口有两座大山，一座叫太行山，另一座叫王屋山，人们进进出出非常不方便。

一天，愚公召集全家人说："这两座大山，挡住了咱们家的门口，咱们出门要走许多的冤枉路。咱们不如全家出力，移走这两座大山，大家看如何？"。

愚公的儿子、孙子们一听，都说："你说得对，咱们明天就开始动手吧！"可是，愚公的妻子觉得搬走两座大山太难了，提出反对意见说："咱们既然已经在这里生活了许多年，为什么不能这样继续生活下去呢？况且，这么大的两座山，即使可以一点点移走，哪里又放得下这么多石头和泥土呢？"

愚公妻子的话立刻引起了大家的议论，这确实是一个问题。最后他们一致决定：把山上的石头和泥土，运送到海里去。

第二天，愚公带着一家人开始搬山了。他的邻居是一位寡妇，她有一个儿子，才七八岁，听说要搬山，也高高兴兴地来帮忙。但愚公一家搬山的工具只有锄头和背篓，而大山与大海之间相距遥远，一个人一天往返不了两趟。

愚公带领一家人，不论酷热的夏天，还是寒冷的冬天，每天起早贪黑地挖山不止。他们的行为终于感动了上天。于是，天帝派遣了两名神仙到人间，把这两座大山搬走了。但是，愚公移山的故事一直流传至今。

愚公移山的故事告诉人们，无论多么困难的事情，只要我们有恒心有毅力地做下去，就有可能取得成功。

山上有一个采石场，一个石工正抡起大锤用力地击向一块大石。一个放羊的小孩在一边看着。这块大石似乎坚硬无比，石工已经锤击了一百多下，可它还是纹丝不动。

石工停下来喘了口气，继续一锤一锤地击打着石头，又接连锤了一百多下，石头还是纹丝不动。石工的头上大汗淋漓，就像被大雨淋过似的，身上的衬衣也已经被汗水湿透了。他脱下衣服，并扔在了一边。太阳火辣辣地照射着大地，石工再次扬起了大锤……

哗啦一声，石头终于在石工有力的大锤下一分为二。放羊的小孩在一旁笑了，他一直在旁边一锤一锤地数着。他告诉石工，他一共锤了561锤，才锤开了这块大石。

"你锤了那么多下，怎么知道这块石头能被锤开呢？"小孩又问石工。

石工告诉小孩："没有锤不开的石头，只要你坚持不停地锤下去。我每锤下去，石头的内部都要受到损伤，只不过你看不到而已。"

在我们人生的道路上，也会有很多这样的拦路大石。只要我们以愚公移山的精神，坚定自己的决心和信念，并持续不断地努力下去，就算是再大的石头，也会在我们的奋力拼搏下被击碎。只要我们心中没有石头，就不会畏惧任何顽石。世上没有锤不开的石头，只要你坚持不停地锤下去。

法国记者博迪因心脏病发作，导致四肢瘫痪，并且丧失了说话的能力。他全身唯一能动的就是左眼。

但是，在病倒前，他已经构思好的一部作品还没有写出来，现在他还是决心把它完成并出版。出版商派了一个名叫门迪的笔录员来做他的助手，每天工作六小时，笔录下他的著作。

博迪只能够眨眼，所以他只能用眨动的左眼来和门迪沟通。他们采取的方法是：门迪按顺序读出法语的常用字母，博迪通过眨眼来选择。由于博迪是靠记忆来判断词语的，所以经常出现差错。刚开始，他们遇到了很多障碍和问题，进程非常缓慢，一天最多只能录一页，后来才慢慢增加到三页。经过几个月的艰辛劳动，他们终于完成了这部著作。

　　这本书的书名是《潜水衣与蝴蝶》，一共有150页。有人粗略估计了一下，为了写这本书，博迪共眨了20多万次的左眼。

　　由此可见，一个人只要有坚定的信念和坚忍不拔的毅力，这个世界上就没有他办不到的事情。有时我们眼中的奇迹，其实只是别人用日复一日、年复一年的辛勤劳动和努力换来的而已。不管在什么样的情况下，我们都不能放弃，只要不放弃，成功就永远还有希望。